随身小厨房
焖烧罐轻松做便当

〔日〕金丸 绘里加　著

罗淑慧　译

烹煮美味
便当！

U0305713

北京联合出版公司

Beijing United Publishing Co.,Ltd.

焖烧罐只拿来煮汤，
太大材小用了！
120％地有效运用吧！

焖烧罐是午餐时间相当常见的餐具。因为焖烧罐可以让自己在中午喝到热腾腾的汤，还能保留住溶解在汤里的营养成分，同时，因为不需要制作太多配菜，可以说简单又经济。然而，焖烧罐的潜力远不止如此。

焖烧罐具有保温调理器的功能，可以持续维持80℃的温度约3小时左右。所谓的保温调理器，是只要放进预先调理过的食材，就可以在数小时后慢炖出热乎乎料理的烹调用家电，最适合用来烹煮慢火炖煮的料理。焖烧罐的保温功能就跟保温调理器一样，只要掌握诀窍，白饭、五谷饭、炖饭等就都可以一罐搞定。

甚至，就连需要花费时间烹煮的水煮豆、根茎类蔬菜、干物、温泉蛋、豆腐，都可以简单制作，所以焖烧罐能够兼具保温调理器的功能。

此外，焖烧罐的保冷效果也相当值得一提。只要把预先冰镇、冷冻的食材放进冰镇过后的焖烧罐，即便是早上放进罐里的沙拉，到了中午仍旧可以维持新鲜。

如果要进一步运用焖烧罐的保冷效果，也可以试着制作各式各样的甜点。以市售的糯米丸子或蜂蜜蛋糕作为食材的冰冷甜点，或是用焖烧罐凝固的杏仁豆腐，如同焖烧罐的魔法一般！

焖烧罐是种可以用来煮饭、制作水煮豆或家常菜、冰凉沙拉或甜点的万能调理工具。本书将为大家介绍如何将焖烧罐的保温、保冷功能发挥到极致的料理及烹调方法，以及利用焖烧罐所制作的食材来制作创意料理的方法。

请大家和我一起享受全新的焖烧罐午餐时光。

金丸绘里加

目录

PART

1

能量提升！热腾腾！
热乎乎的罐便当

PART 2

温暖身体且健康！

温、冷汤

PART 3

减肥食谱也OK!
善用绝佳保冷功能的
罐沙拉

PART 4

进阶运用焖烧罐的
家常小菜

PART 5

保冷、简单又美味的
焖烧罐甜食

本书的使用方法

食谱标记的规则

- 材料为一人份。但是，P.48～P.49、PART 4的一部分则是以容易制作的分量进行标记。

- 1大匙为15ml，1小匙为5ml，1杯则是指量杯200ml。

- 米以克标记。1杯米（180ml）为150g。

- 若没有特别标记，火候为中火。

- 蔬菜清洗去皮、蘑菇去蒂头的基本步骤，并没有标记在制作方法中。

其他

- 本食谱使用膳魔师（THERMOS）的焖烧罐"真空断热食品罐–JBJ-301"（容量300ml）。使用不同容量的焖烧罐时，请参考P.13的换算表，按照使用说明书进行使用。另外，若减少分量，保温（保冷）效果可能会下降，如果增加食材，则会有无法料理的情况。

- 完成的分量有时会因食材大小或使用料理工具的不同，而超出焖烧罐内侧的线。应尽量避免出现这种情况。若有剩余，就请另外吃掉。（为了拍摄效果，本书会有刻意装多一点的情况。）

- 材料并不包含预热焖烧罐用的热水。另外，沥干时的热水量也没有特别标记，所以请添加至焖烧罐内侧的线为止。由于料理时会使用热水，所以请事先备妥600ml左右的热水。使用热水时请多加小心，避免不慎烫伤。

- 微波炉的加热时间以600W的设定作为标准。由于有品牌、机种的差异，所以请视情况加以调整。

- 装填冷冻食物时，请在事前确认冷却内容物和焖烧罐。

- 装填冷冻食物时，为避免食物腐坏，请注意携带及放置的场所。夏季等气温较高的季节，尤其要注意。

不只是汤，饭、沙拉、甜点都可以制作！

擅长保温焖烧的焖烧罐，同时也拥有优异的保冷功能。只要确实掌握两种功能，就可以让便当菜色更富变化。

使用保温、保冷功能

只要使用焖烧罐的保温效果，就能够以80℃左右的温度进行保温焖烧，所以中午的时候，可以品尝到火候恰到好处的热饭或热汤。有时间的时候，也可以制作水煮豆或家常小菜。

如果是冰冻的材料，则可以在6小时的时间内维持13℃以下的温度，所以也可以用来制作罐沙拉便当、冷汤或是甜品！

米饭
也可以完美烹调！

焖烧罐不仅可以用来烹调白粥或面，还可以用来调理白饭、五谷饭或炖饭。希望在中午补充能量的人，请试试饭类料理。

不管是温是冷，
全都交给传统汤品

不仅可以摄取更多营养、食材丰富的热汤，冷汤也完全没有问题，这就是焖烧罐的实力。食欲不佳的夏季，建议制作沙拉口感的汤品。

五谷饭

什锦菜饭

圆白菜培根西红柿汤

甜椒黄瓜酸奶汤

清爽沙拉
也得心应手

分量十足的沙拉便当是减肥纤体的最佳良伴。如果善用焖烧罐预冷的保冷功能，中午也能吃到清爽口感的新鲜沙拉。

完美！
冰凉甜品

焖烧罐保冷功能的最佳体现就在于甜品制作！制作冰激凌口感、有大量水果的冰凉甜点等令人惊叹的传统甜品。

粉丝沙拉

糖渍柑橘糯米丸

鸡柳古斯米碎沙拉

冷冻香蕉和麦片佐咸味焦糖酱

利用多余时间，
制作水煮豆等家常小菜……

只要善用焖烧罐持续3小时维持80℃的功能，就可以制作出水煮豆、炖煮萝卜干、温泉蛋、豆腐、甜酒等料理。善于使用焖烧罐的高手，请利用多余的时间，把焖烧罐当成保温调理器，发挥出焖烧罐的最大效能。

水煮白芸豆

焖烧罐保温、
保冷的基本料理步骤

无论是保温还是保冷，焖烧罐都有着基本的使用方法。
只要学会方法，就可以120%地使用焖烧罐。

保温 1

使用预先烹调的食材

使用不容易煮熟的根茎类蔬菜、肉或鱼等生食、乳制品的时候，为了防止食材腐坏，预先烹调是使用焖烧罐的基本原则。

1—
预热

将热水倒进焖烧罐

锁上内盖、外盖，预热2分钟以上（保温）

2— 加热食材

3— 倒掉焖烧罐里的热水

4— 用汤勺等工具把食材装进罐里

5— 盖上盖子，2~5小时后即可品尝美味

保温 2

把食材直接放进焖烧罐

如果是叶类蔬菜、火腿之类的加工品、干物等不需要加热烹调也可以安心食用的食材，都可以直接放进焖烧罐。滗掉预热的热水后，加入调味料、热水即可。

1—
沥汤程序

将切好的食材放进焖烧罐

倒进热水，淹过食材※1

确认关紧内盖和外盖

2分钟后，滗掉预热的热水※2

2— 加入调味料进行调味

3— 搅拌食材，让调味均匀

4— 倒进热水，淹过食材※1

5— 盖上盖子，4~5小时后即可品尝美味

冰凉沙拉、冷汤、冰凉甜品的基本规则

装填冰冻食材时，有几条规则。基本上，就是要充分冰镇焖烧罐和内容物。为了预防腐坏，请在6个小时内食用完毕。

规则 1 焖烧罐务必预冷（建议前一天晚上进行预冷）※3

采用保冷处理时，请务必先用热水消毒焖烧罐，并且在倒放晾干后，紧闭内盖，放进冰箱冷藏。

规则 2 制作沙拉时，依序把冰过的沙拉酱→较重的食材放进隔天的焖烧罐里

食用前，
将焖烧罐倒置，
使沙拉酱混合均匀。

规则 3 制作冷汤时，把冰过的食材和汤放进隔天的焖烧罐里

规则 4 制作冰凉甜品时，把冷冻、冷藏食材放进隔天的焖烧罐里

把冷冻、冷藏的食材放进预冷的焖烧罐里面。

规则 5 盖上盖子，在6小时内食用完毕

[小贴士]

※1 倒进的热水，请不要超过焖烧罐内侧的线（参考P.5"基本构造和各部的作用"）。

※2 滗热水的方法有两种。使用滤网，可避免食材掉出，非常方便。食材较大的时候，则可直接使用内盖把热水滗掉。

※3 把冰水倒进焖烧罐内，盖紧内盖、外盖，在2分钟后把冰水倒掉，也可以达到预冷效果，不过，本

食谱仍建议采用置于冰箱充分冷藏的方式。

• 将内容物放进焖烧罐之后，在开始食用之前，请不要任意打开盖子。有时会导致保温（保冷）效果下降。

• 只要在前一晚把食材切好，隔天早上就会更加轻松。

• 为了使加热均匀，食材的大小请尽可能一致。

焖烧罐的基本信息

无论是烹煮米饭还是制作沙拉、甜点，为了更加充分地运用焖烧罐的功能，先了解基本的使用方法和注意事项吧！

基本构造和各部的作用

外 盖

打开时往逆时针方向转动，关紧时则往顺时针方向转动。

内 盖

为了提高保温效果，内盖上附有预防外漏的垫片。

本 体

采用与暖水瓶相同的不锈钢制双层结构。瓶口采用方便食用的广口设计。

剖面图

内容物的分量不要超过红线位置。如果装填太多，盖上盖子时，可能导致内容物溢出，请多加注意。

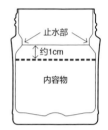

止水部
约1cm
内容物

务必遵守的4项规则

• **使用前务必用热水预热**

为了维持焖烧罐的保温效果，请用热水把本体或食材先预热2分钟以上（详细请参考P.3～P.4）。

• **即使是生冷料理，也要用热水消毒**

即使制作的是生冷料理，也必须依照P.4的规则1的要求用热水消毒焖烧罐。之后，请把焖烧罐晾干，再进行预冷。食材也必须充分冰镇，这是关键。

• **生食、乳制品务必加热**

肉或鱼贝类等生食，以及牛乳等乳制品，请务必加热后再放进焖烧罐，以免食材腐坏。

• **在6小时以内食用完毕**

焖烧罐内的食物，请在6小时以内食用完毕。若放置过久，可能会导致食物腐坏。

焖烧罐的保温时间

JBJ-300保温效力

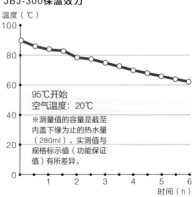

温度（℃）

95℃开始
空气温度：20℃

※测量值的容量是截至内盖下缘为止的热水量（280ml）。实测值与规格标示值（功能保证值）有所差异。

时间（h）

膳魔师焖烧罐采用真空断热层构造，能长时间防止热气外泄，因此，能够在约6小时内使内容物保温60℃以上。另外，其保冷效果也相当优异，可在6小时后仍维持13℃以下，不过，实际的时间长度仍会因内容物而有所不同。

挑选容易使用的容量吧！

使用300ml的膳魔师焖烧罐

本书的食谱使用膳魔师焖烧罐"真空断热食品罐–JBJ-301"（容量300ml）

使用其他容量的焖烧罐的有用换算表

使用不同容量的焖烧罐时，请以下列换算表为基准，调整材料、调味料和水量。另外，煮饭时，容易因火候而产生误差，所以请作为参考。

270ml

380ml

把300ml设为"1"的情况

250ml	270ml	380ml
▼	▼	▼
0.8倍	0.9倍	1.3倍

利用辅助调理工具缩短早上的料理时间！

预先处理的必备品

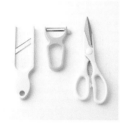

切片器、刨刀、厨房剪刀
可以使用切片器把蔬菜剪成适当厚度，绿叶蔬菜则可以使用厨房剪刀，这样就不需要砧板，让料理操作更加便利。不擅长削皮者的最佳利器则是刨刀。

正确测量

量匙和量杯
如果有1ml和5ml的量匙，就会使操作更加便利。耐热的量杯是使用微波炉加热时的必备工具。要使用带把手的类型。

推荐的便利工具

照片中央：便当汤勺
（品牌：MARNA）

滤网、汤勺、牛奶锅
沥热水用的滤网，要选用尺寸比焖烧罐口大的类型。有尖嘴的汤勺和牛奶锅，在焖烧罐料理上最为便利。

便当便利工具

照片左起：便当夹子、沥水洗米勺、便当饭勺（品牌：MARNA）

夹子、沥水洗米勺、饭勺
如果有便当专用的夹子和饭勺，就可以对应焖烧罐的广口和容量，更容易装填食材。可以在不沾湿手的情况下洗米、滤水的沥水洗米勺，是有助于事前准备的便利工具。

保养与注意事项

- 使用后请马上清洗并晾干。内盖和外盖可以使用洗碗机清洗，但是，请不要把本体放进洗碗机清洗。
- 干冰、碳酸饮料、容易腐坏变质的生食、冰沙等，请不要放进焖烧罐中。
- 请不要用火烹煮焖烧罐，或让焖烧罐靠近暖炉或火炉等火源，以免造成接触时的烫伤，或者罐身变形、变色。
- 请避免直接用微波炉加热焖烧罐，把食材放进耐热容器后，再使用微波炉进行加热。此外，也请不要把焖烧罐放进冰箱中。

PART

1

能量提升！热腾腾！

热乎乎的
罐便当

用焖烧罐烹煮出美味米饭

希望大家优先学习的第1阶段是米饭的烹煮方法！容量300ml的焖烧罐可烹煮出1.5杯的米饭，关键就在于水量的增减。请掌握诀窍，增加用焖烧罐煮饭的创意变化吧！

POINT 制作重点

1- 准确测量米和水

以300ml的焖烧罐来说，100g的米比3/4杯的水（80g的米比130ml的水）最为适量（食材等除外）。

2- 前晚泡水备用是诀窍

洗完米之后，用滤网捞起，把水沥干。之后，倒进小锅里，倒进指定的水量浸泡。如果希望烹煮出更佳的口感，建议在前一晚泡水。

3- 米烹煮完成后，用小火加热3分钟

烹煮好的米饭外观，取决于加热的过程。水分蒸发量会因锅子大小或火候而产生差异，所以请注意加热后的水量。

NG
水太少……

图片中的情况是水量太少，就会有米芯不透的问题，请多加注意。这个时候，就加入1大匙的热水，加以调整吧！

NG
水太多……

图片中的情况是水量太多，结果就会导致预期的米饭变成粥，所以要减少水量，加以调整。

4- 不要忘记焖烧罐的预热

为了维持保温力，请把热水倒进焖烧罐里，盖上盖子，预热2分钟以上。

5- 把米倒进焖烧罐后，准备就完成了

把加热后的米饭倒进焖烧罐，盖紧盖子，后续的烹调就交给焖烧罐。3小时之后，热腾腾的米饭就完成了。

1- 准备的米和水就这么多！

2- 在前一晚把米洗净、泡水，隔天早上就会更加轻松。

3- 用略强的中火烹煮浸泡过的米。

水量的增减是关键！

4- 事先预热焖烧罐吧！

5- 把加热好的米放进焖烧罐。

品尝之前，不要把盖子打开喔！

首先，从白饭开始做起！

白饭

材料

米…80g

水…130ml

制作方法

事前准备（尽可能前晚准备）

清洗米，用滤网捞起，把水分沥干后倒进锅里，加入指定的水量，浸泡一晚（如果是当天准备，则浸水30分钟以上）。

---

1 — 预热

把热水倒进焖烧罐，盖上盖子预热。

2 — 烹煮

用略强的中火加热预先准备的锅子，沸腾后改用小火加热3分钟。

3 — 装进焖烧罐

把步骤1焖烧罐中预热的热水倒掉，倒入步骤2的米饭，盖紧盖子，放置3小时以上。

285 kcal

食物纤维丰富，唇齿留香

五谷饭

材料

米…60g

杂谷…2大匙（20g）

水…130ml

制作方法

> **事前准备**（尽可能前晚准备）
>
> 清洗米，用滤网捞起，把水分沥干后倒进锅里，加入指定的水量和杂谷，浸泡一晚（如果是当天准备，则浸水30分钟以上）。

1－ 预热

把热水倒进焖烧罐，盖上盖子预热。

2－ 烹煮

用略强的中火加热预先准备的锅子，沸腾后改用小火加热3分钟。

3－ 装进焖烧罐

把步骤**1**焖烧罐中预热的热水倒掉，倒入步骤**2**的五谷饭，盖紧盖子，放置3小时以上。

282 kcal

282 kcal

充分给予饱足感，纤体减肥的良伴

燕麦饭

材料

米…60g

燕麦…2大匙（20g）

水…130ml

制作方法

事前准备（尽可能前晚准备）

清洗米，用滤网捞起，把水分沥干后倒进锅里，加入指定的水量和燕麦，浸泡一晚（如果是当天准备，则浸水30分钟以上）。

1— 预热

把热水倒进焖烧罐，盖上盖子预热。

2— 烹煮

用略强的中火加热预先准备的锅子，沸腾后改用小火加热3分钟。

3— 装进焖烧罐

把步骤**1**焖烧罐中预热的热水倒掉，倒入步骤**2**的燕麦饭，盖紧盖子，放置3小时以上。

温暖胃和心的白粥午餐

白粥

材料

米…3大匙（36g）

热水…适量

制作方法

1- 洗米

把米倒进焖烧罐，倒进淹过食材的水，盖上盖子，上下晃动。

2- 预热食材和焖烧罐

打开焖烧罐的盖子，把滤网平贴在罐口，在避免食材溢出的情况下，倒掉罐里的水，倒进淹过食材的热水，盖上盖子预热。

3- 沥干&装热水

2分钟后，把步骤**2**的盖子打开，把滤网平贴在罐口，在避免食材溢出的情况下，倒掉罐里的热水，加入热水直到内侧的标准线位置，盖紧盖子，放置3小时以上。

128 kcal

353 kcal

使用豌豆，展现可爱视觉
豌豆饭

材料

米…80g

豌豆…40g（含豆荚在内约150g）

A │ 鸡汤粉…1小匙

│ 味醂…1/2小匙

│ 酒…1大匙

│ 盐…少许

水…4/5杯

制作方法

事前准备（尽可能前晚准备）

清洗米，用滤网捞起，把水分沥干后倒进锅里，加入指定的水量，浸泡一晚（如果是当天准备，则浸水30分钟以上）。

1- 预热

把热水倒进焖烧罐，盖上盖子预热。

2- 烹煮

把豌豆和A材料放进预先准备的锅子，用略强的中火烹煮，沸腾后改用小火加热3分钟。

3- 装进焖烧罐

把步骤1焖烧罐中预热的热水倒掉，倒入步骤2的豌豆饭，盖紧盖子，放置3小时以上。

特别的日子就用红豆饭来庆祝

红豆饭

材料

糯米…80g

红豆（水煮）…40g（制作方法参考P.63）

红豆汤…4小匙

水…4/5杯

使用P.63的水煮红豆

制作方法

事前准备（尽可能前晚准备）

清洗糯米，用滤网捞起，把水分沥干后，倒进锅里，加入指定的水量和红豆汤，浸泡一晚。

1－ 预热

把热水倒进焖烧罐，盖上盖子预热。

2－ 烹煮

把红豆放进预先准备的锅子里快速搅拌，用略强的中火烹煮，沸腾后改用小火加热3分钟。

3－ 装进焖烧罐

把步骤**1**焖烧罐中预热的热水倒掉，倒入步骤**2**的红豆饭，盖紧盖子，放置3小时以上。

342 kcal

什锦菜饭

章鱼饭

焖烧罐制成的绝品菜饭

什锦菜饭

材料

糯米…30g

米…40g

腌雪里蕻…20g ▶切碎

鲑鱼碎肉…1大匙（15g）

胡萝卜…1/6根（20g）▶切丝

牛蒡…7.5cm（15g）▶削片

香菇…1小朵 ▶切片

姜…1/2块 ▶切丝

A | 酱油…1/2小匙
  | 酒…1小匙

水…170ml

制作方法

事前准备（尽可能前晚准备）

清洗糯米，用滤网捞起，把水分沥干后倒进锅里，加入指定的水量，浸泡一晚。

1— 预热

把热水倒进焖烧罐，盖上盖子预热。

2— 烹煮

把胡萝卜、牛蒡、香菇、姜放进预先准备的锅子，用略强的中火烹煮，沸腾后加入雪里蕻、鲑鱼、A材料粗略搅拌，改用小火加热3分钟。

3— 装进焖烧罐

把步骤1焖烧罐中预热的热水倒掉，倒入步骤2的饭菜，盖紧盖子，放置3小时以上。

生姜增添鲜味！

章鱼饭

材料

米…80g

水煮章鱼…40g ▶削成薄片

A | 姜…1块 ▶切丝
  | 凉面蘸酱（2倍浓缩）…1大匙
  | 酒…1/2大匙

水…4/5杯

制作方法

事前准备（尽可能前晚准备）

清洗米，用滤网捞起，把水分沥干后倒进锅里，加入指定的水量，浸泡一晚（如果是当天准备，则浸水30分钟以上）。

1— 预热

把热水倒进焖烧罐，盖上盖子预热。

2— 烹煮

把A材料放进预先准备的锅子，用略强的中火烹煮，沸腾后加入章鱼粗略搅拌，改用中火加热3分钟。

3— 装进焖烧罐

把步骤1焖烧罐中预热的热水倒掉，倒入步骤2的章鱼饭，盖紧盖子，放置3小时以上。

386 kcal

大量的西红柿和海鲜

西班牙大锅饭

材料

米…80g

番红花（可有可无）…适量

海鲜…30g

西红柿…1/4个（50g）

　▶切成大块

洋葱…1/16个（10g）

　▶切末

甜椒（红）…1/6个（20g）

　▶1cm宽的细条

玉米粒…1大匙

绿芦笋…1根（15g）

　▶切成2～3cm长

高汤粉…1小匙

橄榄油…1小匙

盐、胡椒…各少许

水…4/5杯

制作方法

事前准备（尽可能前晚准备）

清洗米，用滤网捞起，把水分沥干后倒进料理碗里，加入指定的水量和番红花粗略搅拌，浸泡一晚。

1- 预热

把热水倒进焖烧罐，盖上盖子预热。

2- 拌炒&烹煮

把橄榄油和洋葱放进平底锅加热，产生香气后，加入海鲜和西红柿，用大火拌炒。西红柿煮烂之后，加入预先准备好的米、高汤粉烹煮，加入剩余的食材，用中火加热3分钟，再用盐、胡椒调味。

3- 装进焖烧罐

把步骤1焖烧罐中预热的热水倒掉，倒入步骤2的饭菜，盖紧盖子，放置3小时以上。

辛辣的亚洲饭食

印度尼西亚炒饭

材料

米…80g

剥壳虾…4～5只（50g）

猪绞肉…30g

胡萝卜…1/6根（20g）▶切碎

洋葱…1/16个（10g）▶切末

四季豆…2小条（12g）

　▶5mm厚的小口切

A｜蒜头…1/2块▶切末
　｜辣椒…适量▶小口切

鱼露…1/2大匙

橄榄油…1小匙

香菜…适量

水…180ml

制作方法

> **事前准备**（尽可能前晚准备）
> 清洗米，用滤网捞起，把水分沥干后倒进料理碗里，加入指定的水量，浸泡一晚（如果是当天准备，则浸水30分钟以上）。

1- 预热

把热水倒进焖烧罐，盖上盖子预热。

2- 拌炒&烹煮

把橄榄油、洋葱和A材料放进平底锅加热，产生香气后，加入猪绞肉和胡萝卜，拌炒至猪肉变色为止。加入剥壳虾、四季豆、鱼露粗略拌炒，连同水一起加入预先准备好的米，加热2～3分钟。

3- 装进焖烧罐

把步骤**1**焖烧罐中预热的热水倒掉，倒入步骤**2**的饭菜和香菜，盖紧盖子，放置3小时以上。

433 kcal

410 kcal

椰奶烹煮出温和口感

绿咖喱炖饭

材料

米…40g

鸡腿肉…30g ▶ 切成1cm宽

鸿禧菇…20g ▶ 撕成一条条

玉米笋…1根（10g）▶ 切成3～4等份

圆白菜…1/2片（30g）▶ 切成2cm方形

绿咖喱酱…2小匙（10g）

椰奶…1/2杯

A ┃ 鱼露…1/2小匙
┃ 砂糖…1/2小匙

橄榄油…1/2大匙

水…1/4杯

制作方法

1- 预热

把热水倒进焖烧罐，盖上盖子预热。

2- 拌炒&烹煮

用锅子加热橄榄油，把鸡肉的鸡皮朝下，放进锅里，拌炒至鸡肉变色为止。加入米，拌炒直到米通透为止，加入鸿禧菇、玉米笋、圆白菜进一步拌炒。加入指定的水量、椰奶和绿咖喱酱，搅拌烹煮，待沸腾后用A材料调味，关火。

3- 装进焖烧罐

把步骤1焖烧罐中预热的热水倒掉，倒入步骤2的饭菜，盖紧盖子，放置2小时以上。

西红柿味的热门炖饭！加入豆类更加健康

鹰嘴豆西红柿炖饭

材料

米…40g

鹰嘴豆（水煮）…30g（制作方法参考P.62）

西蓝花…2朵（30g）▶分成小朵

甜椒（黄）…1/6个（20g）▶切成1cm丁块状

培根…1/2片（10g）▶切条

洋葱…1/16个（10g）▶切末

A ｜ 西红柿汁（无添加食盐）…3/4杯
　｜ 高汤粉…1/2小匙
　｜ 盐、胡椒…各少许

橄榄油…1小匙

干酪粉…2小匙

使用P.62的水煮鹰嘴豆

制作方法

1- 预热

把热水倒进焖烧罐，盖上盖子预热。

2- 拌炒&烹煮

用锅子加热橄榄油，放进培根、洋葱，用小火拌炒直到产生香气。加入米，用中火拌炒直到米通透之后，加入甜椒进一步拌炒。加入鹰嘴豆和A材料，粗略拌炒，沸腾后加入西蓝花，再次沸腾的时候关火。

3- 装进焖烧罐

把步骤1焖烧罐中预热的热水倒掉，倒入步骤2的饭菜、干酪粉，盖紧盖子，放置2小时以上。

344 kcal

把苏格兰的传统汤品制成炖饭

燕麦苏格兰羊肉汤

材料

燕麦…3大匙（30g）

栉瓜…1/4根（30g）
▶ 切成1cm丁块状

芹菜…20g ▶ 切成1cm丁块状

胡萝卜…1/6根（20g）
▶ 切成1cm丁块状

香肠…2条（30g）
▶ 切成1cm厚度

咖喱粉…1/2小匙

高汤粉…1/2小匙

橄榄油…1/2大匙

盐、胡椒…各少许

水…3/4杯

制作方法

1－ 预热

把热水倒进焖烧罐，盖上盖子预热。

2－ 拌炒＆烹煮

用锅子加热橄榄油，放进栉瓜、芹菜、胡萝卜、香肠，拌炒出光泽后，加入咖喱粉进一步拌炒。加入指定分量的水、高汤粉、燕麦，改用大火加热，沸腾后，改用中火进一步加热2分钟，用盐、胡椒调味。

3－ 装进焖烧罐

把步骤1焖烧罐中预热的热水倒掉，倒入步骤2的食材，盖紧盖子，放置2小时以上。

277
kcal

诱出食材美味的盐曲是关键！

小银鱼蔬菜盐曲粥

材料

米…3大匙（36g）

小银鱼鱼干…15g

萝卜…1cm（20g）

▶切成2cm长的细丝

白菜…1/3片（30g）

▶切成2cm长的细丝

香菇…1朵

▶切对半后，切片

盐曲…2小匙

热水…适量

制作方法

1- 洗米

把米放进焖烧罐，倒入水，淹过食材，盖上盖子，上下晃动。

2- 预热食材和焖烧罐

打开焖烧罐的盖子，把滤网平贴在罐口，在防止食材溢出的情况下，倒掉罐里的水，加入萝卜、白菜、香菇、小银鱼鱼干，倒入热水，淹过食材，盖上盖子预热。

3- 沥干&装热水

2分钟后，掀开步骤2的盖子，把滤网平贴在罐口，在防止食材溢出的情况下，倒掉罐里的热水，依序加入盐曲、热水（直到内侧的标准线），进一步搅拌，盖紧盖子，放置3小时以上。

173 kcal

便当配菜和盖饭主菜

为您介绍便当的配菜，以及在白饭上面铺上主菜的盖饭料理。

（副菜）

豆腐汉堡

材料

木棉豆腐…1/6块（50g）

▶ 用厨房纸巾包裹，沥水10分钟

牛绞肉…50g

A ｜ 洋葱…1/8个（20g）▶切末
　｜ 盐、胡椒…各少许

B ｜ 蛋液…1大匙
　｜ 面包粉…1大匙

色拉油…1小匙

〈酱料〉

西红柿酱…1大匙

伍斯特酱…1小匙

水…2大匙 ▶充分搅拌

制作方法

1- 把牛绞肉、A材料放进料理碗，充分搅拌直到发黏，然后加入豆腐、B材料充分搅拌，捏成2等份的椭圆状。

2- 用平底锅加热色拉油，把步骤1的汉堡肉排放进锅里，把表面煎3分钟，盖上锅盖，用小火把背面煎6分钟左右。

3- 加入酱料的材料，用小火烹煮，让汉堡肉充分裹上酱料，收干。

米兰鲑鱼排

材料

鲑鱼块…1块（80g）

▶ 用厨房纸巾把水沥干，切成对半

鸡蛋…1/2个

干酪粉…1大匙

香芹…1大匙 ▶切末

盐、胡椒…各少许

小麦粉…适量

橄榄油…1小匙

制作方法

1- 把鸡蛋打成蛋液，加入干酪粉、香芹搅拌。鲑鱼块抹上盐、胡椒，裹上一层小麦粉，再裹上蛋液。

2- 用平底锅加热橄榄油，放进步骤1的鲑鱼香煎。煎出焦色后，翻面，盖上锅盖，闷煎1～2分钟。

蔬菜猪肉卷

材料

猪腿肉肉片…4片（80g）

四季豆…2根（16g）

▶ 去老筋，切对半

萝卜…1/4根（30g）

▶ 切成与四季豆相同的长度和粗度

小麦粉…适量

A ｜ 酱油、味醂…各1/2大匙
　｜ 芝麻油…1小匙

制作方法

1- 烹煮萝卜、四季豆，用滤网捞起沥干。

2- 把2片猪腿肉肉片稍微重叠摊平，把步骤1的一半分量放在外侧，卷起之后，在表面撒上少许小麦粉。以同样的方式，再制作一个。

3- 用平底锅加热芝麻油，把步骤2的肉卷尾端朝下，放进平底锅里香煎。呈现焦色后，一边滚动，一边把整体煎成焦色。加入A材料烹煮，使肉卷呈现酱烧色泽。稍微放凉后，切成容易食用的大小。

（盖饭主菜）

※白饭为示意图

炒鸡肉

材料

鸡腿肉…70g
 ▸去除油脂，切成一口大小
青葱…1/2根（40g）
 ▸切成3cm长，并切出1~2
  道刀痕
青椒…1个（30g）
 ▸切成一口大小的滚刀切

芝麻油…1小匙
七味粉…适量
〈酱料〉
砂糖…1/2小匙
酱油、味醂…各1/2大匙
酒…2小匙

制作方法

1— 用平底锅加热芝麻油，鸡皮朝下放进锅里，加入青葱，把两面煎成焦色。加入青椒拌炒，直到青椒呈现出光泽。

2— 加入酱汁材料，沸腾之后，持续烹煮3~4分钟，收干汤汁，撒上七味粉。

牛肉寿喜煮

材料

牛肉薄片…80g
香菇…1朵 ▸切片
洋葱…1/6个（30g）
 ▸切成7~8mm厚的梳形切
菠菜…4株（80g）
芝麻油…1小匙

红姜…适量
〈汤汁〉
高汤…1/3杯
酱油…2小匙
味醂、砂糖、酒…各1小匙

制作方法

用平底锅加热芝麻油，放进牛肉薄片和洋葱拌炒。洋葱变得通透后，加入汤汁的材料和香菇，把汤汁收干一半。菠菜焯烫后泡水，沥干水分后，切成3cm长。附上红姜。

圣罗勒 & 水煮蛋

材料

鸡绞肉…60g
洋葱…1/8个（20g）▸切碎
青椒…1个（30g）▸切成
  1cm丁块状
甜椒（红、黄）…各1/6个
（各20g）▸切成1cm丁块状
罗勒…5g ▸撕碎

A ┃ 蒜头…1/2块 ▸切末
  ┃ 辣椒…1/3根 ▸小口切
B ┃ 鱼露、酒…各1小匙
  ┃ 蚝油…1/2小匙
  ┃ 砂糖…少于1小匙
橄榄油…1小匙
水煮蛋（切片）…1/3个

制作方法

1— 把橄榄油和A材料放进平底锅加热，产生香气后，加入洋葱和鸡绞肉，一边揉开，一边拌炒。肉的颜色改变后，加入甜椒、青椒，持续翻炒至呈现出光泽。

2— 加入B材料，用略大的中火收干汤汁，加入罗勒，快速翻炒后，关火。附随上水煮蛋。

PART

温暖身体且健康！

2 温、冷汤

温、冷汤的关键在于料理步骤和食材挑选！

正因为中午时刻可以品尝到热腾腾的汤品，所以焖烧罐才会成为午餐便当的热门餐具。其实除了热汤之外，焖烧罐也很擅长冷汤的制作！请挑选低热量且营养丰富的食材，享受全新创意的汤品午餐吧！

POINT 制作重点

温

1- 焖烧罐的预热和食材的加热是基本

若要维持焖烧罐的保温时间，焖烧罐的预热和食材的加热是关键所在。只要前一天把食材准备好，就可以缩短早晨的料理时间。

2- 食材的调理就交给焖烧罐

即使是不容易熟透的食材，只要快速烹煮过，再放进焖烧罐就可以了。剩余的料理步骤就交给焖烧罐，慢慢保温焖烧至午餐时间吧！

冷

1- 从前一晚开始，把焖烧罐放进冰箱

制作美味冷汤的诀窍，就是彻底发挥出焖烧罐的保冷功能。将焖烧罐盖上内盖，从前一天开始，放进冰箱里冷却吧！

2- 食材、汤也都要预先冷藏

只要预先把切好的食材、调味过的高汤或汤汁放进冰箱冷藏，隔天早上只要放进焖烧罐里即可。即使经过6小时，同样能够维持冰凉。

1- 不管是焖烧罐还是食材，全都要预先加热。

2- 把食材倒进焖烧罐里，慢慢保温焖烧。

4～5小时后正式品尝的绝佳时机！

1- 焖烧罐要放进冰箱预冷！

2- 食材和汤都要先冷藏，事前准备就这么简单。

适合作为汤品食材的减肥食材

低热量且高蛋白质的豆类、钙和镁等无机盐与食物纤维丰富的海藻类，以及可提高饱足感的根茎菜类或魔芋，全都是适合用来制作午餐汤品的减肥食材。易溶于水的维生素等营养素，也可以连同汤一起摄取，不会有半点流失。

装满豆类和菇类的浓汤

白芸豆、香菇巧达浓汤

材料

白芸豆（水煮）…50g（制作方法参考P.64）

鸿禧菇…20ml ▶ 撕成一条条

香菇…1朵 ▶ 切片

火腿…1片 ▶ 切成5mm片状

洋葱…1/16个 ▶ 切末

A | 高汤粉…1/2小匙
  | 水…1/3杯

牛乳…1/2杯

奶油…5g

盐、胡椒…各少许

香芹…适量 ▶ 切末

使用P.64的水煮
白芸豆

制作方法

1- 预热

把热水倒进焖烧罐，盖上盖子预热。

2- 拌炒&烹煮

把奶油和洋葱放进锅里加热，加入鸿禧菇、香菇和火腿粗略拌炒，再加入白芸豆、A材料，烹煮至沸腾后，利用盐、胡椒调味，关火。

3- 装进焖烧罐

把步骤1焖烧罐中预热的热水倒掉，倒入步骤2的汤，再加入香芹，盖紧盖子。

220
kcal

丰富鱼贝鲜味的奢侈汤品

鲜虾、鳕鱼、花椰菜的马赛鱼汤

材料

鲜虾（剥壳）…3只（36g）▶剥壳、去沙肠

鳕鱼…1/2块（40g）▶切对半

花椰菜…40g▶分成小朵

西红柿…1/4个（50g）▶切碎

洋葱…1/8个（20g）▶切片

蒜头…1/2块▶切片

盐、胡椒…各少许

西红柿…1/4个（50g）▶切碎

百里香…1枝

橄榄油…1/2大匙

水…1/2杯

制作方法

1— 预热

把热水倒进焖烧罐，盖上盖子预热。

2— 拌炒＆烹煮

把橄榄油、蒜头、洋葱放进平底锅加热，产生香气后，加入西红柿拌炒均匀。加入剩余的材料烹煮，用盐、胡椒调味，关火。

3— 装进焖烧罐

把步骤1焖烧罐中预热的热水倒掉，倒入步骤2的汤，盖紧盖子。

150 kcal

148 kcal

预先准备的蔬菜只要沥干就OK！

蔬菜咖喱汤

材料

金枪鱼罐（水煮）…1小罐（70g）▶滗掉罐头汤汁

茄子…1/2条（30g）▶切成1cm厚的半月切

西蓝花…2朵（30g）▶分成小朵

甜椒（红）…1/4个（30g）▶切成1cm丁块状

洋葱…1/8个（20g）▶切成1cm丁块状

A 咖喱粉…1/3小匙

　 高汤粉…1/2小匙

　 盐、胡椒…各少许

　 比萨用干酪…10g

汤…适量

制作方法

1− 预热食材和焖烧罐

把A材料以外的材料放进焖烧罐，倒进热水淹过食材，盖上盖子预热。

2− 沥汤&倒热水

经过2分钟后，打开盖子，把滤网平贴在罐口，在避免食材溢出的情况下，倒掉罐里的热水，加入A材料，接着加入热水至内侧的标准线，粗略搅拌后，盖紧盖子。

担担面爱好者食不停箸的美味

炒蔬菜芝麻味噌汤

材料

小松菜…1株（30g）▶切成3cm长

豆芽菜…40g▶去除根须

胡萝卜…1/4根（30g）▶便签切

A｜白芝麻粉…1大匙
　｜味噌…2小匙

姜…1/2块▶切丝

高汤…1杯

色拉油…1小匙

制作方法

1-预热

把热水倒进焖烧罐，盖上盖子预热。

2-拌炒&烹煮

把色拉油和姜放进锅里加热，加入胡萝卜，拌炒至呈现光泽后，加入小松菜、豆芽菜粗略拌炒。加入高汤，改用大火烹煮，沸腾之后，溶入A材料，关火。

3-装进焖烧罐

把步骤1焖烧罐中预热的热水倒掉，倒入步骤2的汤，盖紧盖子。

122 kcal

126 kcal

180 kcal

诱出食材美味的简单汤品

圆白菜培根西红柿汤

材料

圆白菜…2小片（80g）▶撕成一口大小

培根…1片（20g）▶切成1cm宽

西红柿…1/4个（50g）

　▶切成3～4等份的梳形切

A｜高汤粉…1/2小匙

　｜盐、胡椒…各少许

橄榄油…1/3小匙

热水…适量

制作方法

1- 预热食材和焖烧罐

把圆白菜、培根、西红柿放进焖烧罐，倒进热水，淹过食材，盖上盖子预热。

2- 沥汤&倒热水

经过2分钟后，把步骤**1**的盖子打开，把滤网平贴在罐口，在避免食材溢出的情况下，倒掉罐里的热水，加入A材料，接着加入热水至内侧的标准线，粗略搅拌后，淋入橄榄油，盖紧盖子。

如有鲭鱼罐，就可以快速搞定！

鲭鱼萝卜味噌汤

材料

鲭鱼罐头（水煮）…1/3罐（60g）▶沥干罐头汤汁

萝卜…2cm（40g）▶切成3～4cm长的细丝

姜…1/2块▶切丝

鸭儿芹…1把（20g）▶切成3cm长

味噌…1/2大匙

七味粉…适量

热水…适量

制作方法

1- 预热食材和焖烧罐

把鲭鱼、萝卜、姜放进焖烧罐，倒进热水，淹过食材，盖上盖子预热。

2- 沥汤&倒热水

经过2分钟后，把步骤**1**的盖子打开，把滤网平贴在罐口，在避免食材溢出的情况下，倒掉罐里的热水，加入味噌、鸭儿芹，接着加入热水至内侧的标准线，粗略搅拌后，撒上七味粉，盖紧盖子。

152 kcal

樱花虾的风味和煎蛋最为速配

樱花虾煎蛋汤

材料

鸡蛋…1个▶打成蛋液

樱花虾…3g

葱…3cm（4g）▶葱花

青江菜…2～3片（40g）▶斜切成2cm长

A | 鸡汤粉…1/2小匙
| 酱油…1/2小匙

盐、胡椒…各少许

芝麻油…1/2大匙

水…1杯

制作方法

1— 预热

把热水倒进焖烧罐，盖上盖子预热。

2— 拌炒&烹煮

把芝麻油、樱花虾、葱放进锅里加热，拌炒至产生香气为止。倒进蛋液，烹煮至鸡蛋呈现半熟状后，把鸡蛋集中到锅子中央，煎煮出焦色。加入指定分量的水和**A**材料、青江菜，沸腾后，用木铲等把煎蛋切割成大块，利用盐、胡椒调味，关火。

3— 装进焖烧罐

把步骤**1**焖烧罐中预热的热水倒掉，倒入步骤**2**的汤，盖紧盖子。

160 kcal

利用大豆异黄酮的效果，提升女性魅力

豆浆杂烩汤

材料

原味豆浆…1/2杯

萝卜…1.5cm（30g）

▶切成5mm厚的银杏切

胡萝卜…1/6根（20g）

▶切成5mm厚的银杏切

油炸豆腐…1小块（20g）

▶切成4～6等份

姜…1/2块 ▶切丝

味噌…1/2大匙

芝麻油…1小匙

小葱…适量 ▶葱花

水…1/2杯

制作方法

1－ 预热

把热水倒进焖烧罐，盖上盖子预热。

2－ 拌炒&烹煮

把芝麻油、姜放进锅里加热，拌炒至产生香气后，加入胡萝卜、萝卜、油炸豆腐，拌炒至呈现出光泽。加入指定分量的水，沸腾后，溶入味噌，加入原味豆浆，在沸腾的时候关火。

3－ 装进焖烧罐

把步骤**1**焖烧罐中预热的热水倒掉，倒入步骤**2**的汤，放进葱花，盖紧盖子。

麻辣口感的韩国美味汤品

韩式牛肉汤

材料

牛肉薄片…50g

  ▶如果过大，就切成对半

A│酱油…1/2小匙

  │辣椒粉…1小匙（如果没有，就用一味粉）

黄豆芽…50g ▶去除根须

韭菜…1/4把（20g）▶切成3cm长

B│鸡汤粉…1/2小匙

  │水…3/4杯

味噌…1/2小匙

白芝麻…2小匙

芝麻油…1小匙

制作方法

1- 预热和事前准备

把热水倒进焖烧罐，盖上盖子预热。牛肉用A材料腌渍。

2- 拌炒&烹煮

用锅子加热芝麻油，放入步骤1的牛肉翻炒。肉的颜色改变后，加入B材料烹煮。加入黄豆芽、味噌、芝麻、韭菜，粗略搅拌，沸腾之后，关火。

3- 装进焖烧罐

把步骤1焖烧罐中预热的热水倒掉，倒入步骤2的汤，盖紧盖子。

178 kcal

锁住柚子胡椒的麻辣感
猪肉山药柚子胡椒汤

材料

猪肉薄片…40g ▶ 切碎

山药…6cm（60g）▶ 切成7～8mm厚的银杏切

壬生菜…1小株（20g）▶ 切成3mm长

柚子胡椒…1/2小匙

A 凉面蘸酱（2倍浓缩）…1小匙

水…3/4杯

芝麻油…1小匙

制作方法

1－ 预热

把热水倒进焖烧罐，盖上盖子预热。

2－ 拌炒 & 烹煮

用锅子加热芝麻油，翻炒猪肉。肉的颜色改变后，加入山药、**A**材料，沸腾之后，加入柚子胡椒、水菜后，关火。

3－ 装进焖烧罐

把步骤**1**焖烧罐中预热的热水倒掉，倒入步骤**2**的汤，盖紧盖子。

榨菜是决定味道的关键！
香菇榨菜中华汤

材料

香菇…1朵 ▶ 切片

金针菇…30g ▶ 长度切成一半后，揉开

榨菜（罐装）…30g ▶ 切丝

鸡绞肉…40g

豆苗…30g ▶ 切成3cm长

芝麻油…1小匙

A 鸡汤粉…1/2小匙

酒…1小匙

水…3/4杯

酱油…1/2小匙

蜡油…适量

制作方法

1－ 预热

把热水倒进焖烧罐，盖上盖子预热。

2－ 拌炒 & 烹煮

用锅子加热芝麻油，放进鸡绞肉，结块的绞肉呈现出焦色后，粗略揉散。加入榨菜、金针菇和香菇拌炒，加入**A**材料，沸腾后，用酱油调味，加入豆苗，关火。

3－ 装进焖烧罐

把步骤**1**焖烧罐中预热的热水倒掉，倒入步骤**2**的汤，加入辣油，盖紧盖子。

韭菜和豆腐的正统豆腐大酱汤

豆腐大酱汤

材料

嫩豆腐…1/6块（50g）

▶掐成一口大小

白菜泡菜…50g▶切成大块

韭菜…1/4束（20g）

▶切成2cm长

鸡汤粉…1/2小匙

味酥…1/2小匙

味噌…1/2小匙

芝麻油…1/3小匙

水…180ml

制作方法

1- 预热

把热水倒进焖烧罐，盖上盖子预热。

2- 烹煮

将指定分量的水、豆腐、泡菜、鸡汤粉放进锅里，加热烹煮。溶入味酥和味噌，沸腾后，加入韭菜，关火。

3- 装进焖烧罐

把步骤1焖烧罐中预热的热水倒掉，倒入步骤2的汤，加入芝麻油，盖紧盖子。

和麦饭相当对味的宫崎县乡土料理

冷汤

129 kcal

材料

鲔鱼罐头（水煮）…1小罐（70g）

黄瓜…1/2根（40g）

▶切片

秋葵…3根（30g）

▶焯烫后小口切

茗荷…1个（15g）

▶纵切成对半后，横切成片

青紫苏…2片 ▶切丝

A │ 白芝麻…1大匙

　│ 味噌…1/2大匙

　│ 酱油、味酥…各1/2小匙

冷水…适量

制作方法

1- 预冷

盖上焖烧罐的内盖，放进冰箱充分冷藏。

2- 搅拌

把A材料放进料理碗里，搅拌至柔滑程度，鲔鱼罐头连同鲔鱼和汤汁一起倒入，剩下的材料也加入搅拌。

3- 装进焖烧罐

把步骤2的食材放进步骤1预冷的焖烧罐里，加入冷水直到内侧的标准线，粗略搅拌后，盖紧盖子。

梅子和西红柿的美味夏食

梅子西红柿蛋花汤

材料

梅干…1小颗▸切成对半

西红柿…1/2个（80g）▸切碎

温泉蛋…1颗（制作方法参考P.71）

莴苣…1片（20g）▸切丝

姜泥…1小匙

盐海带…适量

凉面蘸酱（2倍浓缩）…1小匙

高汤…2/3杯

制作方法

1- 预冷和事前准备

盖上焖烧罐的内盖，放进冰箱充分冷藏。高汤也要冷藏。

2- 放进焖烧罐

依序把西红柿、莴苣、梅干、温泉蛋放进预冷的焖烧罐里，加入盐海带、凉面蘸酱、高汤、姜泥搅拌，盖紧盖子。

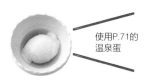

使用P.71的温泉蛋

305 kcal

夏季食欲不佳的最佳药膳汤

裙带菜黄瓜韩式汤

材料

盐藏裙带菜…20g

　▶用活水冲掉盐巴后，切成大块

黄瓜…1/2根（40g）

　▶纵切成对半，斜切成薄片

白菜泡菜…30g ▶切大块

蒜泥…1/3小匙

白芝麻…2小匙

酱油…1小匙

砂糖…适量

鸡汤粉…1/4小匙

芝麻油…1/2小匙

冷水…适量

制作方法

1- 预冷

盖上焖烧罐的内盖，放进冰箱充分冷藏。

2- 搅拌

把冷水以外的所有材料放进料理碗，用夹子等工具充分搅拌均匀。

3- 装进焖烧罐

把步骤2的食材放进步骤1预冷的焖烧罐里，加入冷水直到内侧的标准线，粗略搅拌后，盖紧盖子。

视觉美丽、美容效果满分的汤

甜椒黄瓜酸奶汤

材料

原味酸奶…3/4杯（150g）

甜椒（红、黄）…各1/6个（20g）

▸切成1cm丁块状

黄瓜…1/2根（40g）

▸纵切成对半，切成7～8mm厚的半月切

薄荷叶…适量 ▸撕碎

高汤粉…1/2小匙

汤…1/4杯

A 柠檬汁…1小匙

橄榄油…1/2小匙

盐…少许

制作方法

1- 预冷和事前准备

盖上焖烧罐的内盖，放进冰箱充分冷藏。高汤粉用热水溶解，放凉后，放进冰箱冷藏。

2- 搅拌

把酸奶和A材料放进料理碗里充分搅拌，用盐调味。加入步骤1的高汤和剩余的材料，粗略搅拌。

3- 装进焖烧罐

把步骤2的食材放进步骤1预冷的焖烧罐里，盖紧盖子。

134
kcal

自由创意！万能酱料

为您介绍日式、西式、中式料理可使用的万能酱料。
可以直接使用，也可以作为调味料使用……
每种酱料的味道都很独特，不仅适合汤品，
搭配白饭、意大利面、蔬菜也十分对味，
如果当成热炒的酱料，也十分便利！三两下就能做出一道料理。
这些酱料可以在冰箱保存一星期。制作起来备用吧！

适合西式小菜的鲜味酱料

西红柿酱料

材料（容易制作的分量）
西红柿泥…2大匙（30g）
西红柿酱…1大匙
蒜头…1块▶切末
干酪粉…1大匙
高汤粉…1小匙
盐、胡椒…各少许
制作方法
把全部的材料放进料理碗，充分搅拌。

创意新品
拌入调理过的肉、鱼类，就可以当成汤底，
或是意大利面的肉酱。

全量
81
kcal

东南亚风味的绝佳酱料

咖喱酱料

材料（容易制作的分量）
咖喱粉…1大匙
蚝油…1/2大匙
鱼露…2小匙
砂糖…1/2大匙
酒…1小匙
制作方法
把全部的材料放进料理碗，充分搅拌。

创意新品
也可以当成热炒、蒸肉、蔬菜的酱料。

全量
64
kcal

让中华料理更简单！
苦椒酱

全量 **79** kcal

材料（容易制作的分量）
苦椒酱…2大匙
蒜泥…1小匙
姜泥…1/2小匙
酱油、味醂…各1/2小匙
醋…1/4小匙
制作方法
把全部的材料放进料理碗，充分搅拌。

创意新品
可作为拉面提味之用。也可搭配热炒，或加上甜味噌，制成麻婆豆腐。

靠盐曲的力量增添鲜味
盐曲葱酱料

全量 **189** kcal

材料（容易制作的分量）
葱…1/3根（20g）▶葱花
盐曲…2大匙
鸡汤粉…1/2小匙
酱油…1/2小匙
味醂…1小匙
芝麻油…1大匙
制作方法
把全部的材料放进料理碗，充分搅拌。

创意新品
可用来制作汤、沙拉、热炒，也可以作为蒸蔬菜或肉的蘸酱。

适合所有的日式料理！
海带姜酱料

全量 **146** kcal

材料（容易制作的分量）
盐海带…10g▶切末
姜泥…2大匙
味醂、酱油…各1小匙
芝麻油…1大匙
制作方法
把全部的材料放进料理碗，充分搅拌。

创意新品
可以搭配白饭、豆腐和纳豆，拌蒸蔬菜，也可以为汤品提味。

PART 3

减肥食谱也OK！

善用绝佳保冷功能的罐沙拉

试着制作清爽的沙拉吧！

含有各种蔬菜和食材的罐沙拉，最近非常热门。可以6小时维持13℃以下温度的焖烧罐的保冷功能最为适合！为您介绍新鲜沙拉加上白饭、麦饭、杂谷等主食的套餐料理。

POINT 制作重点

1- 预冷热水消毒过的焖烧罐

制作冷食的时候，焖烧罐务必要用热水消毒，并充分晾干，这是最基本的事情。之后，请盖上内盖，从前一夜开始放进冰箱冷藏。

2- 沙拉的食材、沙拉酱也要预冷

生蔬菜切好后，将必须加热的食材放凉后，连同沙拉酱、调味酱料一起放进冰箱冷藏。只要在前一晚备妥，早上的准备就更加轻松了！

3- 首先放进沙拉酱吧

把沙拉酱等液体放在焖烧罐的最底部，是让罐沙拉更加美味的诀窍。

4- 从较硬的食材开始放入，菜叶留到最后

增添鲜味的食材、偏硬的食材要装填在底部。越轻的食材就越往上层摆放，菜叶食材则摆放在最上层。徒手处理沙拉等生食，会有沾染细菌等疑虑，所以请使用干净的料理工具。

5- 品尝之前先把焖烧罐倒放

要让底部的沙拉酱均匀遍布于整体，把焖烧罐颠倒放置是最好的方法。让所有食材可以均匀地裹上沙拉酱，是品尝美味的诀窍。为了防止腐坏，请务必在6小时之内食用完毕。

1— 焖烧罐放进冰箱冷藏。

建议前一晚冷藏。

2— 食材预先处理过后，放进冰箱。

3— 先放入沙拉酱。

4— 先放坚硬的食材，菜叶则放在最上方。

5— 品尝的时候，把焖烧罐倒放！

在6小时内食用完毕！

萝卜干猪肉片沙拉

280 kcal

鲜虾牛油果咖喱饭沙拉

360 kcal

把萝卜干做成沙拉！

萝卜干猪肉片沙拉

材料

萝卜干…10g

涮涮锅用猪肉片…30g

西红柿…1/3个（60g）▶切成一口大小

花椰菜…50g▶分成小朵

壬生菜…1/2小株▶切段

〈酱料〉

柚子醋酱油…4小匙

蛋黄酱…1又1/2大匙

辣油…1/3～1/4小匙

姜泥…1小匙

制作方法

1- 预冷

盖上焖烧罐的内盖，放进冰箱充分冷藏。

2- 预先处理

萝卜干泡水10分钟，泡软之后，把水沥干。猪肉快速烹煮，花椰菜烹煮1～2分钟后，把热水沥干。依序加入蛋黄酱、辣油、姜泥等酱料的材料，接着慢慢加入柚子醋酱油，一边充分搅拌。和剩余的材料一起放进冰箱冷藏。

3- 装进焖烧罐

依序把步骤2的酱料、萝卜干、西红柿、花椰菜、猪肉、壬生菜放进步骤1预冷的焖烧罐里，盖紧盖子。

大量的主食和蔬菜！

鲜虾牛油果咖喱饭沙拉

拌白饭

材料

鲜虾…4只（50g）▶剥壳、去沙肠

牛油果…1/2小颗（50g）

▶切成1.5cm丁块状

热饭…80g

黄瓜…1/2根（40g）▶切成1cm丁块状

莴苣…1/2片（10g）▶切丝

黑橄榄（切片）…20g

〈白饭酱料〉

寿司醋…1大匙

咖喱粉…1/2小匙

橄榄油…1小匙

▶充分搅拌

制作方法

1- 预冷

盖上焖烧罐的内盖，放进冰箱充分冷藏。

2- 预先处理

鲜虾焯烫沥干。把白饭、酱料放进料理碗里搅拌。整体放凉后，连同剩余的材料一起放进冰箱冷藏。

3- 装进焖烧罐

依序把步骤2的白饭、黄瓜、牛油果、橄榄、鲜虾、莴苣放进步骤1预冷的焖烧罐里，盖紧盖子。

罐沙拉是以搅拌后的状态进行拍摄，图片上的编号是把材料放进罐里的顺序。

非洲料理古斯米也和话题性的沙拉相当速配！

鸡柳古斯米碎沙拉

材料

古斯米…2大匙（30g）

高汤粉…1/2小匙

鸡柳…1条（50g）

　▶抹上盐、胡椒，切成1.5cm丁块状

橄榄油…1/2小匙

黄瓜…多于1/2根（50g）

芹菜…20g

甜椒（黄）…1/3个（40g）▶切成1cm丁块状

小西红柿…3颗（30g）▶切成2~4等份

生菜…1片 ▶撕碎

〈沙拉酱〉

干酪粉…2小匙

砂糖…1/2小匙

橄榄油、柠檬汁…各1/2大匙

盐、胡椒…各少许 ▶充分搅拌

拌古斯米

制作方法

1－预冷

盖上焖烧罐的内盖，放进冰箱充分冷藏。

2－预先处理

把古斯米放进料理碗，加入高汤粉和1又1/2大匙的热水，粗略搅拌，覆盖上保鲜膜，放置10分钟左右。鸡柳放进橄榄油预热的平底锅，把两面煎熟，放凉。沙拉酱连同剩余的材料一起放进冰箱冷藏。

3－装进焖烧罐

古斯米和沙拉酱拌匀，放进步骤1预冷的焖烧罐里，依序放入黄瓜、甜椒、芹菜、鸡柳、小西红柿、生菜，盖紧盖子。

罐沙拉是以搅拌后的状态进行拍摄，图片上的编号是把材料放进罐里的顺序。

明明富含维生素，却有着甜点般的味道

鲜艳蔬菜奶油干酪沙拉

材料

南瓜…切成四等份的1/6个（60g）

▶切成一口大小的滚刀块

番薯…1/6条（50g）

▶切一口大小的滚刀块

奶油干酪…15g▶切成骰子状

柑橘…1/3颗（40g）▶切成一口大小

胡萝卜…1/6根（20g）▶切丝

核桃（干煎）…10g▶切碎

〔沙拉酱〕

原味酸奶…2大匙

芥末粒…1小匙

蜂蜜、柠檬汁…各1/2小匙

▶充分搅拌

制作方法

1– 预冷

盖上焖烧罐的内盖，放进冰箱充分冷藏。

2– 预先处理

将南瓜和番薯放在耐热盘上，淋上1小匙的水，轻轻盖上保鲜膜，用微波炉加热2分30秒～3分钟后，放凉。沙拉酱连同剩余的材料一起放进冰箱冷藏。

3– 装进焖烧罐

依序把步骤**2**的沙拉酱、胡萝卜、南瓜和番薯、柑橘、奶油干酪、核桃放进步骤**1**预冷的焖烧罐里，盖紧盖子。

309 kcal

281 kcal

以沙拉口感享受主食的午餐

大豆糯麦颗粒沙拉

材料

大豆（水煮）…40g（制作方法参考P.61）▶沥水

糯麦…2大匙（24g）

芝麻油…1/2小匙

四季豆…5小根（30g）

小西红柿…4颗（40g）▶切对半

蟹味棒…4条（30g）▶切成对半，揉散

青紫苏…3~4片▶切丝

〈沙拉酱〉

姜泥…1小匙

柚子醋酱油…2小匙

蛋黄酱…2小匙

▶充分搅拌

沙拉是以搅拌后的状态进行拍摄，图片上的编号是把材料放进罐里的顺序。

制作方法

1- 预冷

盖上焖烧罐的内盖，放进冰箱充分冷藏。

2- 预先处理

糯麦用沸腾的热水烹煮10~15分钟后，沥干热水，淋上芝麻油。四季豆焯烫后，切成3cm长。所有食材放凉后，把沙拉酱连同剩余的材料一起放进冰箱冷藏。

3- 装进焖烧罐

依序把步骤**2**的沙拉酱、大豆、蟹味棒、四季豆、糯麦、小西红柿、青紫苏放进步骤**1**预冷的焖烧罐里，盖紧盖子。

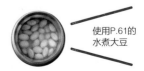

使用P.61的水煮大豆

善用螺旋面嚼劲的意大利面沙拉

螺旋面普罗旺斯杂烩沙拉

材料

螺旋面（短面）…20g

橄榄油…1/2小匙

甜椒（红）…1/3颗（40g）▶横切成细条

鸿禧菇…50g▶分成小朵

花椰菜…2朵（30g）▶分成小朵，切成对半

玉米粒…3大匙（30g）

马苏里拉奶酪…1/3颗（20g）▶切成一口大小

〈西红柿酱〉

西红柿…1小个（150g）▶磨成泥

A 蒜泥…1/2小匙

高汤粉…1小匙

盐、胡椒…各少许

橄榄油…1/2小匙

制作方法

1- 预冷

盖上焖烧罐的内盖，放进冰箱充分冷藏。

2- 预先处理

把热水放进锅里煮沸，放进盐（分量外），依照包装指示烹煮意大利面，裹上橄榄油（在即将烹煮完成前的1分钟，把花椰菜和鸿禧菇也一起丢进烹煮）。接着制作西红柿酱，把西红柿、A材料放进耐热料理碗，盖上保鲜膜，用微波炉加热1分30秒，再用盐、胡椒调味。加入橄榄油后，在没有保鲜膜的情况下，进一步用微波炉加热1分30秒。所有食材放凉后，连同剩余的材料一起放进冰箱冷藏。

3- 装进焖烧罐

依序把步骤2的酱料、鸿禧菇、甜椒、干酪、意大利面、玉米、西蓝花放进步骤1预冷的焖烧罐里，盖紧盖子。

257 kcal

※由于意大利面会变软，所以请尽早食用完毕。

燕麦最适合作为沙拉食材！

菠菜、圆白菜、大麦拌芝麻沙拉

193 kcal

材料

菠菜…3株（60g）

圆白菜…多于1片（60g）▶去除菜梗，切成1cm宽

燕麦…2大匙（20g）

舞茸…40g▶撕成小朵

竹轮…1条（25g）▶切片

A｜ 柚子醋酱油…1½大匙
　｜ 白芝麻…4小匙▶充分搅拌

制作方法

1－盖上焖烧罐的内盖，放进冰箱充分冷藏。

2－燕麦用沸腾的热水烹煮10～15分钟，沥干后淋上1小匙芝麻油（另备）。菠菜焯烫后沥干，切成3cm长。将舞茸烹煮、沥干，放凉之后，连同A材料、剩余的材料一起放进冰箱冷藏。

3－依序把步骤**2**的酱料、舞茸、燕麦、菠菜、圆白菜、竹轮放进步骤1预冷的焖烧罐里，盖紧盖子。

使用话题性的超级食物——藜麦

藜麦圆白菜沙拉

283 kcal

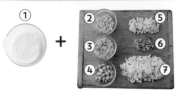

罐沙拉是以搅拌后的状态进行拍摄，
图片上的编号是把材料放进罐里的顺序。

材料

藜麦…2大匙（20g）

圆白菜…1片（50g）▶切成大块

火腿…2片（24g）▶切成5mm片状

芹菜…40g▶切成5mm块状

玉米粒…2大匙（20g）

毛豆（焯烫后去豆荚）…30g

〈沙拉酱〉

蛋黄酱…1大匙

醋…1/2小匙

干酪粉…1小匙▶充分搅拌

制作方法

1－盖上焖烧罐的内盖，放进冰箱充分冷藏。

2－藜麦用沸腾的热水烹煮10～15分钟后，沥干，放凉。把沙拉酱连同剩余的材料一起放进冰箱冷藏。

3－依序把步骤**2**的沙拉酱、玉米、藜麦、毛豆、芹菜、火腿、圆白菜放进步骤1预冷的焖烧罐里，盖紧盖子。

141 kcal

享受各种食材的口感！

山药、黄瓜、
酥脆日式豆皮盐海带沙拉

材料

山药…60g ▶切丝

黄瓜…多于1/2根（50g）▶切丝

日式豆皮…1/3片（10g）

秋葵…2根（20g）

鸭儿芹…3～4根 ▶切段

〈沙拉酱〉

盐海带…1～2g

姜泥…1小匙

醋、芝麻油…各1小匙

酱油…1/2小匙

砂糖…1/2小匙

▶充分搅拌

制作方法

1- 预冷

盖上焖烧罐的内盖，放进冰箱充分冷藏。

2- 预先处理

用烤箱把日式豆皮烤成焦色，纵切成对半后，切成细条。秋葵快速焯烫后，斜切成段。所有食材放凉后，把沙拉酱连同剩余的材料一起放进冰箱冷藏。

3- 装进焖烧罐

依序把步骤**2**的沙拉酱、山药、黄瓜、秋葵、日式豆皮、鸭儿芹放进步骤**1**预冷的焖烧罐里，盖紧盖子。

黄豆芽Choregi沙拉

106 kcal

粉丝沙拉

252 kcal

把萝卜干做成沙拉！

黄豆芽Choregi 沙拉

材料

黄豆芽…80g

▶去除根须

黄瓜…多于1/2根（50g）

▶纵切成对半，斜切成片

盐藏裙带菜…30g

▶用活水冲掉盐巴后，切成一口大小

小鱼干…7g

生菜…1片

▶撕成一口大小

〈沙拉酱〉

苦椒酱、醋…各1小匙

酱油、砂糖、芝麻油…各1/2小匙

▶充分搅拌

制作方法

1- 预冷

盖上焖烧罐的内盖，放进冰箱充分冷藏。

2- 预先处理

用平底锅把小鱼干拌炒至焦色。黄豆芽快速焯烫，沥干。所有食材放凉后，把沙拉酱和剩余的材料一起放进冰箱冷藏。

3- 装进焖烧罐

依序把步骤**2**的沙拉酱、黄豆芽、黄瓜、裙带菜、生菜、小鱼干放进步骤1预冷的焖烧罐里，盖紧盖子。

使用传统食材——粉丝

粉丝沙拉

材料

粉丝…8g▶用热水泡软

菠菜…3株（60g）

西红柿…1/3个（60g）

▶切成一口大小的滚刀块

萝卜…1.5cm（30g）、胡萝卜…1/6根（20g）

▶全部切成3~4cm长的细丝后，搓盐

寿司醋…2小匙

〈肉味噌〉

猪绞肉…50g

姜、蒜头…各1小匙

▶切末

A | 豆瓣酱…1/2小匙
  | 甜面酱…2小匙

B | 酱油…1/2小匙
  | 味酥…1/2大匙

芝麻油…1小匙

制作方法

1- 预冷

盖上焖烧罐的内盖，放进冰箱充分冷藏。

2- 预先处理

制作肉味噌。用锅子加热芝麻油，放进姜、蒜头，炒出香味后，加入A材料和猪绞肉，充分拌炒。加入B材料，收干汤汁后，关火。菠菜焯烫后，沥干，切成3cm长。搓过盐的胡萝卜和萝卜，把水沥干，拌入寿司醋。连同剩余的材料一起放进冰箱冷藏。

3- 装进焖烧罐

依序把步骤**2**的胡萝卜、萝卜、菠菜、粉丝、肉味噌、西红柿放进步骤1预冷的焖烧罐里，盖紧盖子。

罐沙拉是以搅拌后的状态进行拍摄，图片上的编号是把材料放进罐里的顺序。

黏稠的秋葵和清爽的高汤，万分绝妙！

碎豆腐汤沙拉

和②一起搅拌

材料

木棉豆腐…1/3块（100g）▶沥干，掐碎

盐藏裙带菜…30g▶用活水冲掉盐后，切碎

秋葵…2根（20g）

黄瓜…1/2根（40g）▶切成5mm丁块状

茄子…1/4条（15g）▶切成5mm丁块状

茗荷…1颗（10g）▶切末

青紫苏…3片（10g）▶切末

姜…1/3块▶切末

〈酱汁〉

柚子醋酱油…2小匙

酱油…1小匙

日式高汤…1/2小匙▶充分搅拌

制作方法

1－预冷

盖上焖烧罐的内盖，放进冰箱充分冷藏。

2－预先处理

秋葵快速焯烫，切成小口切。把酱汁放进料理碗，加入豆腐以外的所有材料，用夹子充分搅拌，放进冰箱冷藏。

3－装进焖烧罐

依序把步骤**2**的食材放进步骤**1**预冷的焖烧罐里，盖紧盖子。

罐沙拉是以搅拌后的状态进行拍摄，图片上的编号是把材料放进罐里的顺序。

搭配冲突性食材的有趣沙拉

苦瓜鲔鱼沙拉

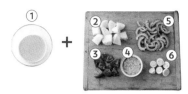

材料

苦瓜…1/3条（40g）

▶纵切对半，去除种籽和瓜瓤，切薄片

鲔鱼罐头（水煮）…1小罐（70g）

西红柿…1/3个（60g）▶切成一口大小

土豆…1/2个（80g）

鹌鹑蛋（水煮）…3颗▶切成对半

〈酱汁〉

蛋黄酱…1小匙

酱油、柠檬汁…各1/2小匙

柚子胡椒…1/3小匙

▶充分搅拌

制作方法

1- 预冷

盖上焖烧罐的内盖，放进冰箱充分冷藏。

2- 预先处理

土豆用蘸湿的厨房纸巾包裹后，轻轻包上保鲜膜，用微波炉加热2分钟，翻面后，再进一步加热1分钟。趁热的时候，剥掉土豆的外皮，切成一口大小。苦瓜快速焯烫，沥干。所有食材放凉后，和剩余的材料、酱汁一起放进冰箱冷藏。

3- 装进焖烧罐

依序把步骤2的酱汁、土豆、西红柿、鲔鱼（连头罐头汤汁）、苦瓜、鹌鹑蛋放进步骤1预冷的焖烧罐里，盖紧盖子。

215 kcal

245
kcal

用鲔鱼罐头和羊栖菜制作的简单、健康沙拉

萝卜羊栖菜金平风沙拉

材料

鲔鱼罐头（油渍）…1小罐（70g）

胡萝卜…1/2根（60g）▸切丝

羊栖菜（干燥）…5g▸泡软后，快速汆烫，沥干

贝割菜…1/3包（10g）▸切段

〔沙拉酱〕

洋葱（切末）…1小匙

凉面蘸酱（2倍浓缩）…1大匙

芝麻油…1/3小匙

醋…1小匙

　　▸充分搅拌

制作方法

1- 预冷

盖上焖烧罐的内盖，放进冰箱充分冷藏。

2- 预先处理

把所有的材料、沙拉酱放进冰箱冷藏。

3- 装进焖烧罐

依序把步骤**2**的沙拉酱、胡萝卜、羊栖菜、鲔鱼（连同汤汁）、贝割菜放进步骤**1**预冷的焖烧罐里，盖紧盖子。

罐沙拉是以搅拌后的状态进行拍摄，图片上的编号是把材料放进罐里的顺序。

有效运用减肥的良伴·寒天藻丝

寒天藻丝泰式沙拉

材料

寒天藻丝…5g

▶切成4～6cm长，用水泡软后，沥干

茄子…1根（60g）

▶加热后，纵切成对半，斜切成段

四季豆…5根（40g）

涮涮锅用牛肉…40g

▶如果太大片，就切成一口大小

〔沙拉酱〕

鱼露、柠檬汁…各1/2大匙

砂糖、芝麻油…各1/2小匙

辣椒（小口切）…适量

▶充分搅拌

制作方法

1- 预冷

盖上焖烧罐的内盖，放进冰箱充分冷藏。

2- 预先处理

茄子去掉蒂头，轻轻包覆保鲜膜，用微波炉加热1分钟，连同保鲜膜一起浸泡冷水。四季豆焯烫后，切成3～4等份。牛肉快速焯烫，沥干。分别放凉后，连同剩余的材料、沙拉酱一起放进冰箱冷藏。

3- 装进焖烧罐

依序把步骤**2**的沙拉酱、寒天藻丝、四季豆、茄子、牛肉放进步骤**1**预冷的焖烧罐里，盖紧盖子。

144 kcal

PART 4

进阶运用
焖烧罐的家常小菜

用焖烧罐制作正统的水煮豆！

进阶使用焖烧罐的方法，就是把焖烧罐当成保温调理器有效活用。需要慢慢加热的水煮豆，或是使用干物烹调的煮物，只要在快速加热调理后，装进焖烧罐里，就可以在数小时之后完美上桌！

POINT 制作重点

1- 让豆子充分泡水

制作松软水煮豆的关键就在于，用指定分量的水，让豆子充分泡水。建议在前一晚就先泡水。但是，红豆和小扁豆不需要泡水，所以嫌泡水麻烦的人，请使用这类豆子。

2- 豆子用中火加热至沸腾

用中火加热泡过水的豆子2~10分钟（请视豆子的种类调整火候）。锅子的大小、火候，都会影响烹煮后的结果，沸腾产生浮渣后，关火。

3- 把豆子放进预热好的焖烧罐

把步骤2的豆子放进热水预热、提高保温性的焖烧罐里，盖紧盖子。接下来，焖烧罐就会开始保温焖烧。请保温2~3小时以上。

4- 剩余的水煮豆可用其他容器保存

不打算马上品尝时，就放到其他容器里，冷藏保存吧！请在2~3天之内食用完毕。

1— 豆子泡水备用。

红豆和小扁豆例外。

2— 用中火烹煮至起泡为止。

3— 把加热的豆子装进预热的焖烧罐。

进行2~3小时以上的保温焖烧！

4— 剩余的豆子可放到其他容器里冷藏保存。

建议料理备用的食材

豆子、萝卜干、羊栖菜等干物的烹煮，就利用周末等闲暇时间，制作好备用吧！只要使用焖烧罐，就不需要担心汤汁溢出或烧干焦黑，既简单又安全。焖烧罐也可以用来制作温泉蛋，或是使用豆浆来制作豆腐，这些也能让自己的料理更加多元、多变。

※使用焖烧罐作为保温调理器时，预先将食材加热是保温焖烧的基础，但是，温泉蛋等则不需要加热。只要善用焖烧罐的保温焖烧功能即可。

使用焖烧罐的水煮大豆是最基本的料理No.1
水煮大豆

全量
292
kcal

创意新品

P.49

大豆糯麦的颗粒沙拉

适合拿来当成沙拉、汤、炖物的食材。制作好备用，将会相当便利。

材料

大豆（干燥）…70g

水…1⅓杯

制作方法

事前准备（尽可能前晚准备）

清洗大豆，用滤网捞起，把水分沥干后，倒进锅里，加入指定的水量，浸泡一晚。

1- 烹煮

加热预先准备的锅子，沸腾之后，捞除浮渣，烹煮6～7分钟。

2- 预热

把热水倒进焖烧罐，盖紧盖子，预热2分钟。

3- 装进焖烧罐

倒掉焖烧罐里预热用的热水，把步骤1的大豆装进罐里，（如果还没有满）把热水加入至内侧的标准线为止，盖紧盖子，放置3小时以上。

小贴士

● 不打算马上使用时，就等放凉后，连同汤汁一起移放到保存容器里，可在冰箱保存2～3天。

● 浸泡豆子时，就把水换成1⅓杯高汤，加入1/3小匙的盐、1/2小匙的胡椒，烹煮10分钟左右（步骤2，3则相同）。

外观不仅可爱，还很适合当成创意食材

水煮鹰嘴豆

全量
262
kcal

创意新品

P.20

鹰嘴豆西红柿炖饭

鹰嘴豆不容易煮烂，除了炖饭之外，也可以随意应用在汤或咖喱、煮物、炒物、沙拉等料理中。

材料

鹰嘴豆（干燥）…70g
水…1又1/2杯

制作方法

事前准备（尽可能前晚准备）
清洗鹰嘴豆，用滤网捞起，把水分沥干后，倒进锅里，加入指定的水量，浸泡一晚。

1– 烹煮

加热预先准备的锅子，沸腾之后，烹煮10分钟。

2– 预热

把热水倒进焖烧罐，盖紧盖子，预热2分钟。

3– 装进焖烧罐

倒掉焖烧罐里预热用的热水，把步骤**1**的鹰嘴豆装进罐里，（如果还没有满）把热水加入至内侧的标准线为止，盖紧盖子，放置2～3小时以上。

小贴士

● 沸腾的时候，也可以加上1/2小匙的高汤粉。
● 不打算马上使用时，就等放凉后，连同汤汁一起移放到保存容器里，可在冰箱保存2～3天。
● 制作豆泥时，就在烹煮好之后，把鹰嘴豆的热水沥干，连同白芝麻、花生酱各1½大匙、橄榄油1大匙、柠檬汁2小匙，一起放进食物料理机搅拌至柔滑程度，再用盐、胡椒调味。

不需要泡水，运用性多元的优等生
水煮红豆

全量
272
kcal

创意新品

P.14
红豆饭

除了红豆饭之外，和南瓜一
起烹煮也相当美味。

材料

红豆（干燥）…80g ▶ 清洗后，沥干

水…1½杯

制作方法

1- 烹煮二次

把红豆和淹过红豆程度的水量放
进锅里，用大火加热，沸腾之
后，加入1/2杯的指定水量，再
次烹煮至沸腾，接着关火，用滤
网捞起红豆，把烹煮的水沰掉。
再次把红豆放回锅里，加入剩
余的1杯水，用大火加热。沸腾
的时候，改用小火烹煮7～8
分钟。

2- 预热

把热水倒进焖烧罐，盖紧盖子，
预热2分钟。

3- 装进焖烧罐

倒掉焖烧罐里预热用的热水，把
步骤1的红豆装进罐里，（如果
还没有满）把热水加至内侧的标
准线为止，盖紧盖子，放置2～3
小时以上。

小贴士

● 不打算马上使用时，就等放凉后，连
同汤汁一起移放到保存容器里，可在
冰箱保存2～3天（下列的甜煮也相
同）。

● 制作甜煮时，截至步骤1把烹煮汤汁沥
干之前的步骤皆相同。之后，再次把
红豆放回锅里，加入2杯水，用大火加
热。沸腾后，改用小火烹煮10分钟，
加入30g的砂糖，进一步烹煮5分钟。
再次沸腾后，加入30g的砂糖，烹
煮2～3分钟后，关火（步骤2，3则
相同）。

加入汤或沙拉里，提高饱足感

水煮白芸豆

全量
266
kcal

创意新品

P.27

白芸豆、香菇巧达浓汤
也可以当成汤、沙拉的食材。

材料

白芸豆（干燥）…80g

水…1½杯

A | 月桂叶…1片
  | 蒜头…1块 ▶ 切对半
  | 盐…1/4小匙

制作方法

事前准备（尽可能前晚准备）

清洗白芸豆，用滤网捞起，把水分沥干后，倒进锅里，加入2杯水，浸泡一晚。

1- 烹煮两次

加热预先准备的锅子，沸腾产生浮渣之后，把锅子移开炉火，一边在水龙头下冲入温水，一边清洗豆子。把稍微沥干的白芸豆放回锅里，加入指定分量的水、**A**材料，用大火加热，沸腾之后，改用中火烹煮10分钟。

2- 预热

把热水倒进焖烧罐，盖紧盖子，预热2分钟。

3- 装进焖烧罐

倒掉焖烧罐里预热用的热水，把步骤**1**的白芸豆装进罐里，（如果还没有满）把热水加至内侧的标准线为止，盖紧盖子，放置2~3小时以上。

小贴士

● 沸腾的时候，也可以加上1/2小匙的高汤粉。

● 不打算马上使用时，就等放凉后，连同汤汁一起移放到保存容器里，可在冰箱保存2~3天。

● 制作红芸豆时，也可以采用相同的步骤。

难以烹煮的黑豆也可以交给焖烧罐！

甜煮黑豆

全量
494
kcal

材料（容易制作的分量）

黑豆（干燥）…80g ▶清洗后，沥干

A | 水…1¾杯
| 砂糖…40g
| 酱油…1/2大匙
| 盐…适量

制作方法

事前准备（尽可能前晚准备）
把A材料放进锅里，加热至足以溶解
砂糖的温度，加入黑豆，浸泡一晚。

1－ 烹煮

用大火加热预先准备的锅子，沸腾
之后，捞除浮渣，改用中火加热15
分钟左右。

2－ 预热

把热水倒进焖烧罐，盖紧盖子，预
热2分钟。

3－ 装进焖烧罐

倒掉焖烧罐里预热用的热水，把步
骤1的黑豆装进罐里，（如果还没有
满）把热水加入至内侧的标准线为
止，盖紧盖子，放置3小时以上。

创意新品 ❶
黑豆蜜豆

材料

甜煮黑豆…4大匙
（参考上述制作方法）
洋菜粉…1小匙（2g）
洋菜…适量
水…250ml
个人喜欢的水果（黄桃、
甜橘罐头等）…适量
黑糖…适量
黑豆汤汁…适量

制作方法

1人份 70 kcal
※不含黑糖、汤汁

1－ 把指定分量的水放进锅里加热，撒入洋菜粉并搅拌
烹煮，沸腾之后，就这么持续搅拌2分钟，烹煮后关
火。倒进模型里，放凉之后，放进冰箱1～2小时，
使其凝固。

2－ 把洋菜切成1cm丁块状，连同黑豆、个人喜爱的水
果一起装盘，淋上黑豆的汤汁、黑糖。

小贴士

●不打算马上使用时，就等放凉后，连同
汤汁一起移放到保存容器里，可在冰箱
保存2～3天。

●制作水煮豆时，要先用1¾杯的水将指定
分量的黑豆浸泡一晚（步骤1，2，3皆
相同）。

圆且扁的小扁豆不需要浸泡，可用性出类拔萃！

水煮小扁豆

全量
247
kcal

材料（容易制作的分量）
小扁豆（带皮、干燥）…70g
　▸清洗后，沥干
水…1又1/3杯

制作方法

1－ 预热
把热水倒进焖烧罐，盖紧盖子，预热。

2－ 烹煮
把小扁豆和指定分量的水放进锅里加热，沸腾之后，烹煮2～3分钟。

3－ 装进焖烧罐
倒掉步骤**1**焖烧罐里预热用的热水，把步骤**2**的小扁豆装进罐里，（如果还没有满）把热水加至内侧的标准线为止，盖紧盖子，放置1小时以上。

↓

创意新品 **2**

小扁豆沙拉

材料（2人份）
小扁豆（水煮）…120g
（参考上述制作方法）
胡萝卜…1/2根（60g）
　▸切丝
盐…1/4小匙
西红柿…1/2个（80g）
　▸略薄的梳形切
香芹…1大匙▸切末
盐、胡椒…各少许
〈沙拉酱〉
洋葱…1/8个（20g）
　▸切末
白酒醋、芥末粒、橄榄油…各1大匙
蜂蜜…1小匙
　▸充分搅拌

1人份 **194** kcal

1－ 把胡萝卜放进料理碗，撒上盐，用夹子充分搅拌后，沥干。

2－ 把沙拉酱放进其他的料理碗，加入步骤**1**的胡萝卜、小扁豆、西红柿，用盐、胡椒调味后，撒上香芹，进一步粗略搅拌。

小贴士
●沸腾的时候，也可以加上1/2小匙的高汤粉。
●不打算马上使用时，就等放凉后，连同汤汁一起移放到保存容器里，可在冰箱保存2～3天。

132 kcal

干物是焖烧罐的自信作

炖煮萝卜干

材料

萝卜干…10g ▶ 清洗后，切成一口大小

胡萝卜…1/4根（30g）▶ 切成3cm长的细丝

萨摩炸鱼饼…1/2片（20g）▶ 切成3cm长的细丝

香菇…1朵 ▶ 切片

A 酱油…2小匙
味醂…1小匙
高汤…3/4杯

芝麻油…1小匙

小贴士

● 不打算马上使用时，就等放凉后，连同汤汁一起移放到保存容器里，可在冰箱保存2~3天。

制作方法

1- 预热

把热水倒进焖烧罐，盖紧盖子，预热。

2- 拌炒&烹煮

芝麻油放进锅里加热，放进胡萝卜、萝卜干、香菇，快速拌炒。加入萨摩炸鱼饼、A材料，改用大火烹煮，沸腾之后，关火。

3- 装进焖烧罐

倒掉步骤1焖烧罐里预热用的热水，把步骤2的食材连同汤汁一起倒进罐里，盖紧盖子，放置3小时以上。

钙质和食物纤维丰富的家常菜

炖煮羊栖菜

材料

羊栖菜（干燥）…10g

　▶清洗后，沥干

胡萝卜…1/6根（20g）

　▶切成3cm长的细丝

竹轮…2小根（50g）

　▶纵切成对半，斜切成段

姜…1/2块 ▶切丝

A | 酱油…1/2大匙

　| 砂糖、味醂…各1小匙

　| 酒…1大匙

　| 高汤…1/2杯

芝麻油…1小匙

制作方法

1- 预热

把热水倒进焖烧罐，盖紧盖子，预热。

2- 拌炒＆烹煮

把芝麻油和姜放进锅里加热，产生香气后，加入胡萝卜、羊栖菜、竹轮快速翻炒。加入A材料，沸腾之后，关火。

3- 装进焖烧罐

倒掉步骤1焖烧罐里预热用的热水，把步骤2的食材连同汤汁一起倒进罐里，盖紧盖子，放置3小时以上。

小贴士

● 不打算马上使用时，就等放凉后，连同汤汁一起移放到保存容器里，可在冰箱保存2～3天。

171 kcal

221 kcal

焖烧罐的保温焖烧最适合制作根茎蔬菜料理

牛肉、牛蒡、魔芋丝时雨煮

材料

牛肉片…50g

姜…1块 ▶切丝

牛蒡…1/2根（50g）

　▶较细的滚刀切

魔芋丝…50g

　▶清洗后沥干，切成容易食用的长度

芝麻油…1小匙

〈混合调味料〉

酱油、酒…各1/2大匙

味醂…1小匙

砂糖…1小匙

高汤…3大匙 ▶充分搅拌

制作方法

1－预热

　把热水倒进焖烧罐，盖紧盖子，预热。

2－拌炒&烹煮

　把芝麻油放进锅里加热，翻炒至魔芋丝产生滋滋作响的声音，加入姜、牛蒡、牛肉拌炒。加入调味料煮沸，肉的颜色改变后，关火。

3－装进焖烧罐

　倒掉步骤**1**焖烧罐里预热用的热水，把步骤**2**的食材连同汤汁一起倒进罐里，盖紧盖子，放置4小时以上。

小贴士

● 不打算马上使用时，就等放凉后，连同汤汁一起移放到保存容器里，可在冰箱保存2~3天。

比萨酱是蔬菜炖煮的王牌

普罗旺斯杂烩

材料

茄子…2/3条（40g）▶切成1cm丁块状

栉瓜…1/3根（40g）▶切成1cm丁块状

甜椒（红）…1/4个（30g）

　▶切成1cm丁块状

南瓜…4等份的1/9个（40g）

　▶切成7～8mm厚

洋葱…1/8个（20g）▶切末

培根…1片（20g）▶切条

A｜比萨酱…2大匙

　｜水…2大匙

干酪粉…2小匙

橄榄油…1小匙

小贴士

● 不打算马上使用时，就等放凉后，连同汤汁一起移放到保存容器里，可在冰箱保存2～3天。

制作方法

1- 预热

把热水倒进焖烧罐，盖紧盖子，预热。

2- 拌炒＆烹煮

把橄榄油、洋葱、培根放进锅里加热，产生香气后，加入茄子、栉瓜、甜椒、南瓜，翻炒至呈现光泽为止。加入A材料煮沸，加入干酪粉，快速搅拌，关火。

3- 装进焖烧罐

倒掉步骤1焖烧罐里预热用的热水，把步骤2的食材连同汤汁一起倒进罐里，盖紧盖子，放置3小时以上。

217 kcal

只要使用焖烧罐，温泉蛋就不会失败！

温泉蛋

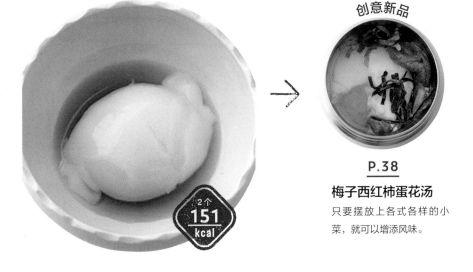

创意新品

P.38

梅子西红柿蛋花汤

只要摆放上各式各样的小菜，就可以增添风味。

2个
151
kcal

材料

鸡蛋…2个 ▶ 在室温下回温

水…2大匙

热水…适量

制作方法

1- 预热

把热水倒进焖烧罐，盖紧盖子，预热。

2- 拌炒&烹煮

倒掉焖烧罐里预热用的热水，加入指定分量的水、鸡蛋，热水加到内侧的标准线为止。盖紧盖子，放置40~50分钟（也可用70℃的热水代替水，加至内侧的标准线）。

小贴士

● 不打算马上使用时，就等放凉后，连同汤汁一起移到保存容器里，可在冰箱保存2~3天。

● 如果使用刚从冰箱里拿出来的冰凉鸡蛋，焖烧罐内部的温度就会下降，使鸡蛋不容易凝固，所以务必使用放在室温内回温的鸡蛋。

超简单！纽约最受欢迎的早餐

奶油洋芋半熟蛋

材料（容易制作的分量）

鸡蛋…1个 ▶ 在室温里回温，清洗

土豆…1个（160g）

奶油…10g

牛奶…1/4杯

A | 盐、胡椒…各少许
  | 肉豆蔻或孜然粉…适量

制作方法

1- 焖烧罐和食材的预热

把热水倒进焖烧罐，把鸡蛋轻轻放入罐内，盖紧盖子，预热2分钟左右。

2- 微波炉加热

土豆用蘸湿的厨房纸巾包裹后，包上保鲜膜，用微波炉加热2分钟，翻面后，加热1分30秒。趁热剥除外皮，放进耐热料理碗压成泥状。加入奶油和牛奶，制作成土豆泥，加入A材料调味。进一步包上保鲜膜，用微波炉加热1分30秒。

3- 沥干&装进焖烧罐

打开步骤**1**的盖子，倒掉焖烧罐里的热水，取出鸡蛋，把步骤**2**的土豆泥装进罐里。打入鸡蛋，再按照个人喜好，撒上粗粒黑胡椒，盖紧盖子，放置1~2小时。

305 kcal

使用豆浆制作焖烧罐豆腐？！

豆腐

92 kcal

材料（豆腐约200g左右）

原味豆浆…1杯

盐卤…1小匙

制作方法

1- 预热

把热水倒进焖烧罐，盖紧盖子，预热。

2- 烹煮

把豆浆放进锅里加热，在豆浆即将滚滚沸腾之前关火，加入盐卤，慢慢搅拌。

3- 装进焖烧罐

倒掉步骤**1**焖烧罐里预热用的热水，把步骤**2**的豆浆倒入，直到内侧的标准线为止，盖紧盖子，放置1~2小时。

创意新品

冷

豆腐和牛油果的榨菜沙拉

材料

豆腐…150g

（制作方法参考上述）

牛油果…1/4个（00g）

　▶切成一口大小

榨菜（腌渍）…20g

　▶切碎

西红柿…1/2个（80g）

　▶切成一口大小

黄瓜…1/2根（40g）

　▶略小的滚刀块

〈酱料〉

葱（葱花）…1大匙

酱油、醋…各2小匙

砂糖、辣油…各1/2小匙

　▶充分搅拌

181 kcal

制作方法

把酱料放进料理碗，加入豆腐以外的材料，拌匀。最后，加入豆腐，粗略搅拌，装盘。

创意新品

温

姜汁芡豆腐

材料

豆腐…200g

（制作方法参考上述）

胡萝卜…1/6根（20g）▶切丝

香菇…1朵▶切片

四季豆…2根（16g）

　▶斜切成段

〈芡汁〉

高汤…1/2杯

酱油…2小匙

酒…1小匙

味醂…1/2大匙

姜泥…1小匙

太白粉…1小匙

　▶以加倍的水量溶解

153 kcal

制作方法

把太白粉以外的芡汁材料和蔬菜、香菇放进锅里加热。蔬菜熟透之后，加入太白粉勾芡，淋在装盘的豆腐上。

只要使用焖烧罐的保温焖烧功能，
就可以简单制作出豆腐和甜酒。
想吃的时候，随时可以制作出 1 人份，而且还可以自由创意！

用白粥和曲就可制作的简单营养饮品

甜酒

材料（豆腐约200g左右）

干燥曲…30g ▶ 揉散

白粥…60g（亦可使用P.19的白粥）

　▶ 放凉至60℃

水…1杯

制作方法

1- 预热

把热水倒进焖烧罐，盖紧盖子，预热。

2- 烹煮

把指定分量的水放进锅里，加热至65℃左右（锅底开始起泡的程度），加入曲，粗略搅拌后，加入白粥后，充分搅拌，关火。

3- 装进焖烧罐

倒掉步骤**1**焖烧罐里预热用的热水，把步骤**2**的食材倒入，直到内侧的标准线为止，盖紧盖子，放置4～6小时以上（希望更添甜味时，过4～6小时后开盖，再次用锅子加热至60℃左右，然后再次放进焖烧罐，保温焖烧4小时）。

107
kcal

创意新品

温

绿甜酒冰沙

80
kcal

材料

甜酒…1/2杯

小松菜…少于2株（50g）

柑橘…1/2颗（60g）

猕猴桃…1/4颗（25g）

水…1/4杯

制作方法

把所有材料放进搅拌机搅拌。

小贴士

● 曲如果超过70℃以上，就不会发酵，所以要恪守加热温度。

● 放凉后，可放到保存容器，在冰箱保存2～3天（因为有乳酸菌，所以要尽早食用完毕）。长期保存的时候，可在冷冻库保存2～3个星期。

保冷、简单又美味的
焖烧罐甜食

记住制作冰凉 甜点的诀窍

切好的冰冻水果，或是冰镇糖渍食材，甚至是使用洋菜或明胶的传统甜点都没有问题，焖烧罐保冷功能的最佳体现，就在于甜点制作！另一方面，焖烧罐的保温功能也可以用来预先料理珍珠粉圆。

POINT 制作重点

1- 水果以容易使用的大小冷冻

香蕉、芒果、猕猴桃等水果，切成容易使用的大小，蓝莓等莓果类的水果，则是整颗冷冻使用。就算使用市售的冷冻水果也没关系。午餐时间就要吃冰得恰到好处的甜点！

2- 使用冰凉的酸奶

在甜点制作中相当常见的酸奶，基本上要使用在冰箱冰镇过的酸奶。酸奶和本书食谱中的棉花糖和奶油干酪也相当对味！

3- 冷藏加热过的食材

在本书甜点食谱中登场的肉桂风味的柑橘等需要加热的食材，也请在放凉之后，放进冰箱冷藏。

4- 洋菜要烹煮凝固

以琼脂等海藻为原料的洋菜，在加水煮沸后，就会变得更容易凝固，是值得推荐的低热量食材。这里要用洋菜来制作杏仁豆腐，再用焖烧罐加以凝固。

5- 明胶不可以煮沸

明胶是以牛、猪的皮或骨等作为原料的动物性食品，煮沸之后，蛋白质会变性，变得不容易凝固，所以请泡水后，用微波炉加热。明胶具有软弹的口感，最适合萨瓦兰风的干酪蛋糕等甜点。

1— 水果建议冷冻后使用。

2— 酸奶要预先放进冰箱冷藏。

3— 加热的食材要冰镇备用。

4— 洋菜用小锅煮沸后再使用吧！

5— 明胶基本上要用微波炉加热。

※制作使用保冷功能的甜点时，不管是什么情况，焖烧罐务必要用热水消毒，并充分晾干，然后盖上内盖，放进冰箱冷藏后再行使用。把食材放进焖烧罐后，请在6小时之内食用完毕。

冷冻水果

179
kcal

冷冻香蕉和麦片佐咸味焦糖酱

384
kcal

罐内 CHECK!

各种冰冻的水果，冰冰凉凉

冷冻水果

材料

柑橘…1/2个（60g）

▶去皮，切成一口大小

葡萄柚（红肉）…1/2颗（100g）

▶去皮，切成一口大小

狝猴桃…1/2个（50g）（或甜瓜50g）

▶1cm厚的半月切

香蕉…1/3根（30g）

▶1cm厚的片状

A ┃ 姜汁…1小匙
┃ 蜂蜜…1大匙
┃ 柠檬汁…1/2大匙

制作方法

事前准备（尽可能前晚准备）

把A材料放进保存容器轻轻搅拌，加入所有的水果，上下轻轻拌匀，直接放进冰箱冷冻一晚。

1- **预冷**

盖上焖烧罐的内盖，放进冰箱充分冷藏。

2- **装进焖烧罐**

把冷冻的水果放进预冷的焖烧罐，盖紧盖子。

罐内 CHECK!

谷麦、冰激凌和香蕉的绝妙搭配！

冷冻香蕉和麦片佐咸味焦糖酱

材料

香蕉…1大根（100g）

▶2cm厚的片状

水果燕麦片…30g～40g

焦糖（市售品）…5颗（20g）

牛奶…1大匙

盐…适量

香草冰激凌…30g

小贴士

也可以用细砂糖来代替焦糖。把25g的细砂糖和1/2大匙的水放进锅里，用小火加热，呈现出焦色后，关火。摇晃锅子，当糖因为余热而变成焦色后，加入牛奶，快速搅拌，加入盐。

制作方法

事前准备（尽可能前晚准备）

制作咸味焦糖酱。把焦糖和牛奶放进耐热盘，轻轻包上保鲜膜，用微波炉加热1分钟，溶化后充分搅拌。呈现黏稠状之后，加入盐，进一步搅拌。把饼干纸铺在盘上，摆放上香蕉，淋上咸味焦糖酱，冷冻一晚。

1- **预冷**

盖上焖烧罐的内盖，放进冰箱充分冷藏。

2- **装进焖烧罐**

依序把冷冻的香蕉、香草冰激凌、燕麦片，放进预冷的焖烧罐，盖紧盖子。

罐内
CHECK!

用焖烧罐制作杏仁豆腐！

抹茶杏仁

材料

洋菜粉…1/2小匙（1g）

砂糖…2大匙

水…3/4杯

A | 杏仁霜…2小匙
  | 牛奶（冰的）…130ml

冰…1～2颗

〈抹茶糖浆〉

抹茶…1小匙

砂糖…2大匙

柠檬汁…1/2小匙

水…1/4杯

制作方法

事前准备（尽可能前晚准备）

盖上焖烧罐的内盖，放进冰箱充分冷藏。接着制作抹茶糖浆，把水和砂糖放进锅里加热，待砂糖溶化后，关火，加入柠檬汁、抹茶搅拌。放凉之后，放进携带用容器里，放进冰箱冷藏。

1- 烹煮

制作杏仁豆腐。把杏仁霜溶入2大匙牛奶（30ml）里，搅拌至柔滑程度，加入剩余的牛奶，进一步搅拌（**A**）。把指定分量的水和洋菜粉加入锅里，用略大的中火加热，沸腾之后，改用中火，一边加入砂糖搅拌，一边烹煮，2分钟后关火。加入**A**材料搅拌，放凉。

2- 装进焖烧罐

把步骤**1**的食材和冰放进预冷的焖烧罐，盖紧盖子（准备品尝时，淋上抹茶糖浆）。

罐内
CHECK!

让糯米丸子结冻的独特料理
糖渍柑橘糯米丸

材料

糯米丸子（市售品）…1串

〈糖渍柑橘〉

柑橘…1个（120g）

　▶去皮，切成2等份后，
　　切成1cm宽的半月切

水…1杯

红茶（茶包）…1包

砂糖…1大匙

肉桂…1/2根

制作方法

事前准备（可能前晚准备）

制作糖渍柑橘，把水、砂糖和肉桂放进锅里煮沸后，放入红茶包和柑橘，加热1分钟后，关火，拿掉红茶茶包。放凉之后，放进冰箱冷藏。糯米丸子去掉竹签，用保鲜膜一颗颗包起来，放进冰箱冷冻。

1‒ 预冷

盖上焖烧罐的内盖，放进冰箱充分冷藏。

2‒ 装进焖烧罐

把糖渍柑橘和糯米丸子放进步骤1预冷的焖烧罐，盖紧盖子。

190
kcal

享受用希腊酸奶做出的两种味道

希腊酸奶白奶酪蛋糕

材料

原味酸奶…1又1/2杯（300g）

蓝莓（冷冻）…50g

蓝莓酱…4小匙

柑橘酱…1大匙

薄荷叶…适量

1－ 搅拌

把希腊酸奶分成两半，一半拌入柑橘酱，剩余的部分拌入蓝莓和蓝莓酱（留下几颗蓝莓用来装饰）。

2－ 装进焖烧罐

依序把步骤**1**拌入蓝莓的酸奶、拌入柑橘酱的酸奶放入预冷的焖烧罐，放上薄荷叶、装饰用的蓝莓，盖紧盖子。

制作方法

事前准备（尽可能前晚准备）

盖上焖烧罐的内盖，放进冰箱充分冷藏。制作希腊酸奶。把铺了厨房纸巾的滤网放在料理碗上，放上酸奶，在冰箱里放置一晚，把水沥干。

用 干 燥 果 实 和 棉 花 糖 帮 酸 奶 施 上 魔 法 ……

水果干棉花糖酸奶

材料

原味酸奶…1杯（200g）

棉花糖…20q

芒果干…1块（20g）

梅干…3颗（18g）

制作方法

1－ 预冷

盖上焖烧罐的内盖，放进冰箱充分冷藏。

2－ 搅拌

粗略搅拌酸奶和棉花糖。

3－ 装进焖烧罐

把步骤**2**的食材放进步骤**1**预冷的焖烧罐，把芒果干、梅干加入酸奶，盖紧盖子。

希腊酸奶白奶酪蛋糕

水果干棉花糖酸奶

396
kcal

罐内
CHECK!

柑橘风味的蜂蜜蛋糕和干酪蛋糕的美味调和

萨瓦兰风干酪蛋糕

材料

蜂蜜蛋糕…1块（30g）

　▶ 厚度切成一半

茅屋干酪（过筛）…100g

　▶ 恢复室温

原味酸奶…1/2杯（100g）

砂糖…2大匙

柠檬汁…1/2大匙

明胶…1小匙（3g）

水…1大匙

橘子汁（100%原汁）…1/4杯

细砂糖…2小匙

制作方法

> **事前准备**（尽可能前晚准备）
> 盖上焖烧罐的内盖，放进冰箱充分冷藏。把橘子汁和细砂糖放进锅里，烹煮至黏稠程度。放凉后，倒进料理盘，浸泡蜂蜜蛋糕，冷冻一晚。

1- 搅拌

明胶浸泡在指定分量的水里，用微波炉加热20秒，使明胶溶化。把茅屋干酪、砂糖、酸奶放进料理碗，用打泡器充分搅拌后，依序加入明胶、柠檬汁，充分搅拌。

2- 装进焖烧罐

把一半冷冻的蜂蜜蛋糕，放进预冷的焖烧罐里，倒入步骤1的食材，放上剩余的蜂蜜蛋糕，盖紧盖子。

焖烧罐也可以轻松搞定粉圆的预先料理!

珍珠粉圆水果椰奶

材料

珍珠粉圆…1大匙（10g）

椰奶…1/3杯

牛奶…1/3杯

炼乳（或蜂蜜）…1大匙

冷冻芒果（切丁）…60g

猕猴桃…1/2个（50g）

  ▶ 切成1.5～2cm的丁块状

冰…2～4块

制作方法

1- **保温焖烧**

把珍珠粉圆放进焖烧罐，热水加入至内侧的标准线为止，粗略搅拌后，盖紧盖子，放置4～5小时以上。

2- **烹煮**

把椰奶、炼乳和牛奶放进锅里，一边偶尔搅拌，一边烹煮至沸腾为止。放凉之后，放进冰箱冷藏。

3- **沥干&装热水**

打开步骤**1**焖烧罐的盖子，把滤网平贴在罐口，在避免食材溢出的情况下，倒掉罐里的水，把沥干的珍珠粉圆放回焖烧罐里。加入步骤**2**的食材、芒果、猕猴桃和冰，盖紧盖子。

309 kcal

以容量为主？以设计为主？
焖烧罐图鉴

原来焖烧罐除了制作便当之外，还可以拿来煮饭、制作备用食材，甚至是制作传统甜点。了解焖烧罐的神奇之后，是不是更想使用焖烧罐了呢？请根据容量、功能、设计等，从各公司的众多产品中挑选出您所喜欢的焖烧罐吧！

比较各公司产品

	膳魔师 THERMOS	象印 ZOJIRUSHI	虎牌 TIGER
基本尺寸	真空断热食物调理罐　300ml 以容易开启、不外漏的双重构造外盖为傲。本体以外的配件也可采用洗碗机清洗。有3种颜色。	不锈钢焖烧罐360ml 内部采用光滑的不锈钢，脏污容易清洗。可以全部拆解，整个清洗。也有260ml的小容量类型。各2色。	汤罐300ml 容量维持不变，保温力升级，尺寸缩小了约15%，变得更容易携带。颜色共有3种。
新产品尺寸	有略小容量270ml、大容量380ml，两种皆有3种颜色。依照尺寸和颜色差异挑选的人似乎很多。	有450ml和550ml两种大容量的产品种类。产品色彩也考虑到男性，有成熟的颜色各2色。	 除了传统的300ml和380ml之外，还新增了250ml的迷你尺寸。以宽口、圆底的独特设计为特色。颜色各3种。

焖烧罐专用的工具陆续上市！

搭配焖烧罐底部形状的圆形汤匙。容器和汤匙之间不会形成缝隙，所以就连最后一滴汤汁都可以吃得干干净净。专用收纳盒有3种颜色。
食物罐汤匙 APC-160（膳魔师）

就算是底部较深的容器，也可以完全搭配的汤匙。随附专用的汤匙套。护套颜色有3种。
（Marna）

时尚且有趣的焖烧罐

推荐给拘泥于设计的人。有西红柿等蔬菜主题、庞克、摇滚等个性设计，共计12种。300ml，真空断热构造。

图片上／HOZONHOZON SOUP BOTTLE 西红柿、下／HOZONHOZON SOUP BOTTLE流星
©Swimmy Design Lab Inc.

更加了解焖烧罐的使用方法 Q&A

焖烧罐具有优秀的保温力与保冷力，
但是，或许仍有人对于焖烧罐的处理与调理方法存在些许困惑？
因此，这里整理了各种常见问题，供大家参考。

Q1 — 超过6小时之后，是不是就不能吃了？

A 使用的膳魔师焖烧罐（真空断热食物调理罐 JBJ-301），保温效力是6小时维持60℃以上，保冷效力则是6小时维持13℃以下。若超出上述时间，食物可能会有腐坏的问题，所以请务必在6小时之内食用完毕。另外，放了冰凉食物的焖烧罐，如果长时间放置在高温场所，也会导致焖烧罐的内部温度上升，请多加注意。

Q2 — 可以在中途打开盖子吗？

A 一旦打开盖子，焖烧罐内部的温度就会下降。可能会导致食用时变成温的，或是食物腐坏的高风险，所以打开盖子之后，请一次食用完毕。存放保冷食物的情况也相同，如果在中途打开盖子，焖烧罐就无法持续维持冷度。

Q3 — 食材的预先处理可以使用微波炉吗？

A 食材可以使用微波炉预先处理，只要食材确实熟透，就不会有问题。尤其是不容易熟透的食材（胡萝卜、牛蒡等根茎蔬菜类），建议先利用微波炉加热之后，再放进罐内。焖烧罐本体请不要放进微波炉。

根茎蔬菜类的蔬菜，只要用微波炉加热，就可以缩短时间，让早晨的准备工作更轻松。

牛奶等乳制品或生食的加热，也请利用微波炉加热。

Q4 — 为什么白饭的米芯没有熟透？

A 焖烧罐没有预热、预热动作不够充分、预热用的热水温度过低或水量太少，都可能导致白饭的米芯没有熟透。另外，焖烧罐里面的内容物如果太少，也会降低保温力，有时也会导致无法达到保温焖烧的效果。

泡过水的米放进锅里加热后，要倒进焖烧罐里面，这个时候，水量的调整是关键。图片是水量调整恰到好处的状态，制作时请以此张图片的状态为标准。

Q5 — 焖烧罐有异味，请告知正确的清洗方法。

A 焖烧罐用洗洁精清洗后，如果仍有异味，建议利用氧系漂白剂进行漂白清洗。可是，焖烧罐本体（金属部分），请不要使用氧系漂白剂或碳酸氢钠等进行清洗。如果漂白剂仍然无法去除异味，建议更换零件。

Q6 — 把焖烧罐当成保温调理器使用时，该注意什么？

A 保温调理器有很多种类型。有长时间炖煮、进行加热焖烧的慢炖锅，利用高温保温焖烧预先煮好的食材的真空保温调理器。焖烧罐属于后者，所以生的肉类、鱼类等食材，必须先利用其他锅子加热，然后再倒进焖烧罐里，这是基本原则。乳制品也一样，为了预防腐坏，请充分加热，或是充分保冷。

索引

※本页仅刊载作为主食材使用的材料

图书在版编目（CIP）数据

　　焖烧罐轻松做便当 /（日）金丸绘里加著；罗淑慧
译. -- 北京：北京联合出版公司，2017.3
　　（随身小厨房）
　　ISBN 978-7-5502-9928-3

　　Ⅰ.①焖… Ⅱ.①金… ②罗… Ⅲ.①菜谱 Ⅳ.
①TS972.12

中国版本图书馆CIP数据核字（2017）第035361号

著作权合同登记图字：01-2017-0627

Soupjar Sae Areba Obentou Wa Rakuchin!
© Shufunotomo Co., Ltd. 2015
Originally published in Japan in 2015 by SHUFUNOTOMO CO.,LTD.
Chinese translation rights arranged through DAIKOUSHA INC.,Kawagoe.

随身小厨房　焖烧罐轻松做便当

作　　者：〔日〕金丸绘里加
译　　者：罗淑慧
选题策划：多采文化
责任编辑：谢晗曦　夏应鹏
装帧设计：水长流文化
策划编辑：杨晓敏

北京联合出版公司出版
（北京市西城区德外大街83号楼9层　　100088）
北京艺堂印刷有限公司印刷　　新华书店经销
字数90千字　　889毫米×1270毫米　　1/32　　3印张
2017年4月第1版　　2017年4月第1次印刷
ISBN 978-7-5502-9928-3
定价：36.00元